世界一
わかりやすい

Photoshop
逆引き事典

CC対応
Win&Mac対応

ピクセルハウス 著

技術評論社

注意 ## ご購入・ご利用前に必ずお読みください

本書の内容について

●本書記載の情報は、2018年7月1日現在のものです。そのため、ご利用時には変更されている場合もあります。また、ソフトウェアはバージョンアップされる場合があり、本書での説明とは機能内容や画面図などが異なってしまうこともあり得ます。本書ご購入の前に必ずソフトウェアのバージョン番号をご確認ください。

●本書に記載された内容は、情報の提供のみを目的としています。本書の運用については、必ずお客様自身の責任と判断によって行ってください。これら情報の運用の結果について、技術評論社および著者はいかなる責任も負いかねます。また、本書内容を超えた個別のトレーニングにあたるものについても、対応できかねます。あらかじめご承知おきください。

Photoshopはご自分でご用意ください

●アドビシステムズ社のPhotoshop CCは、ご自分でご用意ください。

●アドビシステムズ社のWebサイトより、Photoshop CCの体験版（7日間有効）をダウンロードできます。ダウンロードには、Creative CloudのメンバーシップID（Adobe ID）が必要です（無償で取得可能）。詳細は、アドビシステムズ社のWebサイト（下記URL）をご覧ください。

https://www.adobe.com/jp/

サンプルファイルについて

●本書で使用するサンプルファイル（練習用および練習問題ファイル）の利用には、別途アドビシステムズ社のPhotoshop CCが必要です。ただし、Photoshop CC（2018）での利用を前提としているため、それ以外のバージョンでは利用できなかったり、操作手順が異なることがあります。

●本書で使用したサンプルファイルの利用は、必ずお客様自身の責任と判断によって行ってください。サンプルファイルを使用した結果生じたいかなる直接的・間接的損害も、技術評論社、著者、プログラムの開発者、サンプルファイルの制作に関わったすべての個人と企業は、一切その責任を負いかねます。

以上の注意事項をご承諾いただいたうえで、本書をご利用願います。これらの注意事項をお読みいただかずに、お問い合わせいただいても、技術評論社および著者は対処しかねます。あらかじめ、ご承知おきください。

Photoshop CC（2018）の動作に必要なシステム構成

【Windows】

● Intel Core 2、またはAMD Athlon 64プロセッサー（2GHz以上のプロセッサー）
● Microsoft Windows 7（Service Pack 1）日本語版、Windows 8.1 または Windows 10日本語版（バージョン 1607以降）
● 2GB以上の RAM（8GB を推奨）
● 32-bit版インストールの場合は 2.6GB以上のハードディスク空き容量、64-bit版インストールの場合は3.1GB以上のハードディスク空き容量。なお、インストール時にはさらなる空き容量が必要（大文字小文字が区別されるファイルシステムを使用するボリュームにはインストール不可）
● 1024×768以上の画像解像度をサポートしているディスプレイ（1280×800以上を推奨）および16-bit カラー、512MB以上の専用VRAM（2GB 以上）を推奨
● OpenGL 2.0対応システム

【macOS】

●64ビットをサポートしているIntel マルチコアプロセッサー
● macOSバージョン 10.13（High Sierra）、10.12（Sierra）、またはOS X バージョン10.11（El Capitan）
● 2GB以上のRAM（8GB以上を推奨）
● 4GB以上の空き容量のあるハードディスク。ただし、インストール時には追加の空き容量が必要（大文字と小文字が区別されるファイルシステムを使用するボリュームにはインストール不可）
● 1024×768以上の画像解像度をサポートしているディスプレイ（1280×800以上を推奨）および16-bitカラー、512MB以上の専用VRAM（2GB以上）を推奨
● OpenGL 2.0対応システム

※3D機能は、32-bitプラットフォームおよびVRAMの容量が512MB未満のコンピューターでは無効です。32-bit Windowsシステムでは、油彩フィルター機能とビデオ機能はサポートされていません。

※ Windows ／ Macともに、ソフトウェアのライセンス認証、メンバーシップの検証、およびオンラインサービスの利用には、インターネット接続および登録が必要です。

PREFACE　はじめに

はじめに

Photoshopのツール、メニューコマンド、パネルとボタンの多さは圧巻です。
用途別にUIのテンプレートが用意され、さらにパネルがタブで複数格納され、やっと作業スペースが確保できるような状態です。

そのため、たまにしか使わない機能は、使おうとしてもすぐにやり方が思い出せないことがよくあります。
作業に必要なパネルが、表示さえされていないかもしれません。
特定の名称を覚えていれば、パネルを表示させることもできますし、使い方をネットやヘルプで検索することもできます。でも、その名称が思い出せないことも多いものです。
急いでいるときには焦りますよね。

この本は、コマンド名からではなく、なるべく「やりたいこと」から探せるようにしています。
Photoshopには、たくさんの機能があります。そして、それらの機能を使ってやれることは、無限にあります。そのため、本書では、できるだけ多くのユーザーが求めていると思われる「やりたいこと」を厳選して、基本機能を中心に説明しています。特殊な機能を使う場合にも、「このへんの機能を使えばいいのでは」という手がかりになるはずです。

本書が忙しい皆様のお役に立つよう願っています。

2018年7月
ピクセルハウス

サンプルファイルのダウンロード

1 Webブラウザーを起動し、右記のWebサイトにアクセスします。

https://gihyo.jp/book/2018/978-4-7741-9888-0/

2 Webサイトが表示されたら、「本書のサポートページ」をクリックしてください。

■ 本書のサポートページ
サンプルファイルのダウンロードや正誤表など

3 サンプルファイルのダウンロード用ページが表示されます。
すべてのサンプルファイルを一括でダウンロードするか❶、章ごとにダウンロードするか❷を選択できます。ダウンロードするファイルの[ID]欄に「Photoshop」、[パスワード]欄に「Reference」と入力して、[ダウンロード]ボタンをクリックします。

ID— Photoshop　パスワード— Reference

※文字はすべて半角で入力してください。
※大文字小文字を正確に入力してください。

4 Windowsではファイルを開くか保存するかを尋ねるダイアログボックスが表示されるので、[保存]をクリックします。Macでは、ダウンロードされたファイルは、自動解凍されて「ダウンロード」フォルダーに保存されます。

5 Windowsではパスワードを保存するかを尋ねるダイアログボックスが表示されるので、保存する場合[はい]、保存しない場合は[許可しない]をクリックします。

6 Windowsでは、ファイルが「ダウンロード」フォルダに保存されます。[フォルダーを開く]をクリックして、「ダウンロード」フォルダーを開き、解凍してからご利用ください。

ダウンロードの注意点
- 上記手順はWindows 10でMicrosoft Edgeを使った場合の説明です。手順4のMacについては、macOS 10.13のSafariを使った場合です。
- ご使用になるOSやWebブラウザーによっては、自動解凍がされない場合や、保存場所を指定するダイアログボックスなどが表示される場合があります。
- 画面の表示に従ってファイルを保存し、ダウンロードしたファイルを解凍してからお使いください。

HOW TO DOWNLOAD　サンプルファイルのダウンロード

本書で使用したサンプルファイルは、小社 Web サイトの本書専用ページよりダウンロードできます。
ダウンロードには、ID、パスワードを入力する必要があります。
手順内に記している文字列を半角でお間違いのないよう、入力をお願いします。

ダウンロードファイルの内容

解凍してできるフォルダー

| 第1章 | 第2章 | 第3章 | 第4章 | 第5章 | ····· | 第13章 |

サンプルファイル

| 034.psd | 035.psd | 036.psd | 037.psd | 038.psd | 039.psd | ···· |

項目番号がついたサンプルファイルが用意されています

・ダウンロードファイルは、章ごとのフォルダーに分かれています。フォルダーをデスクトップなどに移動して、必要に応じて利用してください。
・フォルダーには、項目ごとに使用するサンプルファイルが入っています（複数のファイルがあることもあります）。内容によっては、項目名のサブフォルダーに入っている場合もあります。また、項目によっては、サンプルファイルがないものもあります。

サンプルファイル
利用についての注意点

サンプルファイルの著作権は各制作者（著者）に帰属します。これらのファイルは本書を使っての学習目的に限り、個人・法人を問わずに使用することができますが、転載や再配布などの二次利用は禁止いたします。

サンプルファイルの提供は、あくまで本書での学習を助けるための無償サービスであり、本書の対価に含まれるものではありません。サンプルファイルのダウンロードや解凍、ご利用についてはお客様自身の責任と判断で行ってください。万一、ご利用の結果いかなる損害が生じたとしても、著者および技術評論社では一切の責任を負いかねます。

Adobe Creative Cloud、Adobe Creative Suite、Apple Mac・OS X・macOS、Microsoft Windows および
その他の本文中に記載されている製品名、会社名は、すべて関係各社の商標または登録商標です。

CONTENTS

はじめに ………………………………………… 003
サンプルファイルのダウンロード ……………… 004
本書の読み方 …………………………………… 012

第1章

基本操作 ……………………………… 013

001	ツールパネルの操作を覚える ………………………… 014
002	独自のツールパネルを作る ………………………… 015
003	パネルの操作を覚える ………………………………… 016
004	パネルの表示状態を切り替える ……………………… 019
005	パネルの位置をワークスペースとして登録する ……… 020
006	作業画面の色を変更する ……………………………… 021
007	新規ドキュメントを作成する ………………………… 022
008	画像ファイルを開く …………………………………… 024
009	RAWデータを開く ……………………………………… 026
010	複数ドキュメントをタブ形式以外で表示する ………… 027
011	Photoshop形式でファイルを保存する ……………… 028
012	画像の解像度やピクセル数を確認する ……………… 029
013	画像の解像度やピクセル数を変更する ……………… 030
014	画像のカンバスサイズを変更する …………………… 031
015	画面の表示倍率を変更する …………………………… 032
016	画面の表示位置を変更する …………………………… 033
017	画面を回転させて表示する …………………………… 034
018	定規の原点を変更する ………………………………… 035
019	定規からガイドを作成する …………………………… 036
020	ガイドを数値指定で作成する ………………………… 037
021	シェイプからガイドを作成する ……………………… 038
022	ガイドにスナップさせる ……………………………… 039
023	一時的にパネルを非表示にする ……………………… 040
024	スタートワークスペースを表示しないようにする …… 041
025	単位を変更する ………………………………………… 042
026	キーボードショートカットをカスタマイズする ……… 043
027	使わないメニューを非表示にする …………………… 044
028	操作を取り消す、取り消した操作を元に戻す ………… 045
029	スナップショットで画像の状態を保存する ………… 046
030	よく使う画像をライブラリに登録する ……………… 047
031	よく使う操作をワンクリックで実行できるようにする … 048
032	複数のファイルに同じ操作を自動で行う …………… 049
033	非破壊編集を理解する ………………………………… 050

第2章

レイヤーとアートボード ……………… 051

034	レイヤーを理解する …………………………………… 052
035	背景レイヤーと通常レイヤーの違いを理解する ……… 053
036	新しいレイヤーを作成する …………………………… 054
037	レイヤーを複製する …………………………………… 055
038	レイヤーの重なり順を変更する ……………………… 056
039	選択したレイヤー以外のレイヤーを非表示にする …… 057
040	レイヤーを削除する …………………………………… 058
041	レイヤーをリンクする ………………………………… 059

CONTENTS 目次

042	レイヤーをグループ化する	060
043	レイヤーを結合する	061
044	レイヤーパネルで特定種類のレイヤーだけを表示する	062
045	レイヤーをほかのファイルにコピーする	063
046	レイヤーの不透明度を設定する	064
047	複数のファイルをレイヤーに読み込む	065
048	重なったレイヤーの色を合成する	066
049	アートボードを理解する	068
050	ひとつのファイルに違うサイズのアートボードを作る	069
051	ひとつのファイルに同じサイズのアートボードを作る	070
052	アートボードの形状を変更する	071
053	レイヤーの表示状態を保存して呼び出せるようにする	072
054	スマートオブジェクトに変換する	073
055	スマートオブジェクトを編集する	074

色調補正 075

第**3**章

056	[イメージ] メニューと調整レイヤーの違いを理解する	076
057	カラー値とチャンネルを理解する	078
058	ヒストグラムを理解する	079
059	明るさを [明るさ・コントラスト] で調整する	080
060	明るさを [レベル補正] で調整する	081
061	明るさを [トーンカーブ] で調整する	082
062	明るさを [露光量] で調整する	083
063	暗い部分を明るく、明るい部分を暗くする	084
064	コントラストを [明るさ・コントラスト] で調整する	085
065	コントラストを [レベル補正] で高くする	086
066	コントラストを [トーンカーブ] で調整する	087
067	彩度を [自然な彩度] で調整する	088
068	彩度を [特定色域の選択] で調整する	089
069	特定の系統の色を [色相・彩度] で変える	090
070	特定の系統の色を [特定色域の選択] で変える	091
071	特定の系統の色を [チャンネルミキサー] で変える	092
072	色かぶりを [カラーバランス] で調整する	094
073	色味を [レンズフィルター] で変える	095
074	白黒画像に変える	096
075	お手軽に写真の雰囲気を変える	098
076	階調を反転させる	099
077	Camera Raw を使って色調補正する	100
078	調整レイヤーを特定のレイヤーだけに適用する	102

選択範囲 103

第**4**章

079	選択範囲を理解する	104
080	長方形の選択範囲を作成する	106
081	楕円形の選択範囲を作成する	107
082	フリーハンドで選択範囲を作成する	108
083	多角形の選択範囲を作成する	109
084	選択範囲を追加する・削除する	110

007

085	選択範囲を移動する	111
086	同系色のピクセルを選択する	112
087	特定の色域を選択する	115
088	［被写体を選択］を使って選択範囲を作成する	116
089	焦点領域から選択範囲を作成する	118
090	パスから選択範囲を作成する	120
091	選択範囲の表示を一時的に消す	121
092	選択範囲を反転させる	122
093	選択範囲を広げる・狭める	123
094	選択範囲の境界をぼかす	124
095	選択範囲に境界線を描く	125
096	選択範囲を滑らかにする	126
097	髪の毛などの複雑な領域を選択する	127
098	シェイプやテキストから選択範囲を作成する	130
099	選択範囲を保存する	131
100	選択範囲を読み込む	132

第5章 画像の変形 · 133

101	画像をトリミングする	134
102	サイズや比率を指定してトリミングする	136
103	画像を回転して切り抜く	137
104	遠近法の切り抜きツールで傾いた画像を切り抜く	138
105	画像をドラッグで縮小する	139
106	画像を数値指定で縮小する	140
107	画像を回転させる	141
108	画像を傾ける・歪ませる	142
109	画像を反転させる	143
110	遠近感を持たせるように台形状に変形する	144
111	パペットワープで複雑な形状に変形する	146
112	画像の面に合わせて変形する	148
113	ワープを使い波状や不定形に変形する	150
114	ピクセルのある部分を囲むように切り抜く	153
115	画像をゆがませて変形する	154
116	画像を渦巻き状に変形する	156
117	画像を中央に収縮するように変形する	157
118	奥行きに合わせて画像を変形する	158
119	画像が反射して見えるように複製する	160
120	画像を球面状に変形する	162

第6章 カラー設定と塗りつぶし · · · · · · · · · · · · · · · · · · 163

121	描画色と背景色を指定する	164
122	スウォッチを使う	165
123	画像から色を拾う	166
124	画像内の指定したピクセルのカラー値を調べる	167
125	レイヤーを指定した色で塗る	168
126	グラデーションで塗る	170
127	グラデーションを編集する	172

128	レイヤーをパターンで塗る	174
129	パターンを作成する	176
130	パターン調整レイヤーの開始位置を変更する	177
131	カラー設定を理解する	178
132	カラープロファイルを削除する	179
133	RGBからCMYKにしたい（カラープロファイルの変更）	180

描画 181

第7章

134	描画するためのツールと使い方を覚える	182
135	色調を置き換えながら塗る	184
136	混合ブラシツールで色を混ぜて塗る	185
137	ブラシの大きさを設定する	186
138	ブラシの硬さ（ぼけ足）を設定する	187
139	ブラシツールの［滑らかさ］で手ぶれを補正する	188
140	ブラシのプリセットに以前のブラシを読み込む	189
141	ブラシの形状を設定する	190
142	オリジナルのブラシを作成する	194
143	ブラシで塗った部分を透明にする	196
144	描画できる範囲を制限する	198
145	図形をピクセルで描画する	199
146	簡単に木を描く	200
147	簡単に炎を描く	201
148	画像にフレームを付ける	202
149	カンバスを模様で塗りつぶす	203
150	逆光のフレアを描画する	204

画像の一部をマスクする 205

第8章

151	レイヤーマスクを理解する	206
152	レイヤーマスクを作成する	208
153	レイヤーマスクを編集する	209
154	レイヤーマスクを反転する	210
155	画像が徐々に透明になるようにマスクする	211
156	レイヤーマスクを一時的に解除する	212
157	画像を文字やシェイプの形状で切り抜く	213
158	輪郭がはっきりした画像をシャープに切り抜く	214
159	レイヤーマスクから選択範囲を作成する	215
160	ほかのレイヤーのレイヤーマスクを複製する	216
161	レイヤーマスクの境界線をぼかす	217
162	レイヤーマスクの境界線を［選択とマスク］でぼかす	218
163	レイヤーマスクの境界線を滑らかにする	220
164	レイヤーマスクのマスク部分を半透明にする	222

テキスト 223

第9章

165	文字を入力する	224
166	テキストエリアを作成して文字を入力する	225
167	文字を編集する	226
168	フォントを変更する	227

169	Typekitからフォントをインストールする	228
170	文字サイズを変更する	230
171	文字の幅や高さを調整する	231
172	行間を調整する	232
173	横組み文字の上下の位置を調整する	233
174	文字間隔を調整する	234
175	横書きと縦書きを切り替える	238
176	パスに沿って文字を入力する	239
177	パス上文字の文字の位置を変更する	240
178	文字のアンチエイリアス形式を選択する	241
179	文字を検索・置換する	242
180	行揃えを設定する	243
181	サイズの異なる文字の揃え位置を設定する	244
182	特殊な文字や異体字を入力する	245
183	段落の前後にアキを入れる	246
184	段落テキストの行頭や行末にアキを入れる	247
185	上付き文字、下付き文字にする	248
186	禁則処理を設定する	249
187	ぶら下がりを設定する	250
188	スペルチェック	251
189	文字を画像に変換する	252
190	文字をシェイプに変換する	253
191	文字に色をつける	254
192	文字の輪郭に色をつける	255
193	文字をワープ変形する	256

第10章 シェイプとパスの操作 · · · · · · · 257

194	移動可能なオブジェクトとして長方形や楕円形を描く	258
195	星形やハートを描く	259
196	ペンツールで線を描く	260
197	シェイプの線や塗りの色、線の太さなどを設定する	262
198	線の種類、線端や角の形状を設定する	263
199	矢印を描く	264
200	パスを操作して変形する	265
201	シェイプとパスの違いを理解する	266
202	Illustratorのパスをシェイプやパスとして利用する	267
203	オリジナルのシェイプを登録する	268
204	パスに沿ってブラシで線を描く	269
205	パスの内側を塗りつぶす	270
206	パスからシェイプを作成する	271
207	シェイプからパスを作成し境界線にブラシで線を描く	272
208	同一レイヤーにシェイプを複数作る	273
209	シェイプの交差部分から図形を作成する	274
210	同一レイヤーのシェイプを整列させる	276
211	複数レイヤーのシェイプを整列させる	277
212	シェイプを画像に変換する	278

CONTENTS 目次

画像の修正・加工 ・・・・・・・・・・・・・・・・・・・・・・・・ 279

第11章

213	画像のゴミを消去する ・・・・・・・・・・・・・・・・・・・・・・・・ 280
214	画像の一部を周囲に合わせて消去する ・・・・・・・・・・・・・・・ 281
215	カンバスの透明部分を周囲に合わせて塗りつぶす ・・・・・・・・・・ 282
216	画像の一部をほかの部分に描画する ・・・・・・・・・・・・・・・・ 283
217	画像の一部をほかの部分に移動する ・・・・・・・・・・・・・・・・ 284
218	画像の一部を明るくする、暗くする ・・・・・・・・・・・・・・・・ 285
219	画像の一部をぼかす・シャープにする ・・・・・・・・・・・・・・・ 286
220	指先でこすったように画像を加工する ・・・・・・・・・・・・・・・ 287
221	画像の一部を鮮やかにする ・・・・・・・・・・・・・・・・・・・・ 288
222	画像を絵画調に変更する ・・・・・・・・・・・・・・・・・・・・・ 289
223	フィルターを使って外観を変える ・・・・・・・・・・・・・・・・・ 290
224	ぼかしギャラリーで画像にぼかしを入れる ・・・・・・・・・・・・・ 292
225	画像を［スマートシャープ］でシャープにする ・・・・・・・・・・・ 295
226	ハイパスを使ってシャープにする ・・・・・・・・・・・・・・・・・ 296
227	画像のエッジに光彩をつける ・・・・・・・・・・・・・・・・・・・ 297
228	画像のエッジに影をつける ・・・・・・・・・・・・・・・・・・・・ 298
229	画像のエッジに境界線を描く ・・・・・・・・・・・・・・・・・・・ 300
230	スタイルパネルを使って画像に効果を適用する ・・・・・・・・・・・ 301
231	レイヤースタイルをスタイルパネルに登録する ・・・・・・・・・・・ 302
232	レイヤースタイルをほかのレイヤーにコピーする ・・・・・・・・・・ 303
233	複数の写真からパノラマ画像を作成する ・・・・・・・・・・・・・・ 304

Camera Raw ・・・・・・・・・・・・・・・・・・・・・・・・・・・・ 305

第12章

234	Camera Rawを理解する ・・・・・・・・・・・・・・・・・・・・・ 306
235	ホワイトバランスを調整する ・・・・・・・・・・・・・・・・・・・ 307
236	白とびを補正する ・・・・・・・・・・・・・・・・・・・・・・・・・ 308
237	黒つぶれを補正する ・・・・・・・・・・・・・・・・・・・・・・・・ 310
238	色の要素で色調補正する ・・・・・・・・・・・・・・・・・・・・・ 311
239	グレースケールにする ・・・・・・・・・・・・・・・・・・・・・・ 312
240	ノイズを減らす ・・・・・・・・・・・・・・・・・・・・・・・・・・ 314
241	エッジ部分をシャープにする ・・・・・・・・・・・・・・・・・・・ 316

データ書き出しとプリント ・・・・・・・・・・・・・・・・・ 319

第13章

242	PDFで保存する ・・・・・・・・・・・・・・・・・・・・・・・・・・ 320
243	書き出し形式で画像を書き出す ・・・・・・・・・・・・・・・・・・ 322
244	クイック書き出しで画像を書き出す ・・・・・・・・・・・・・・・・ 324
245	レイヤーから自動でPNGやJPEGを書き出す ・・・・・・・・・・・ 325
246	Web用に保存で書き出す ・・・・・・・・・・・・・・・・・・・・・ 326
247	テキストやシェイプからCSSを書き出す ・・・・・・・・・・・・・ 327
248	TIFF形式で保存する ・・・・・・・・・・・・・・・・・・・・・・・ 328
249	レイヤーごとにファイルに書き出す ・・・・・・・・・・・・・・・・ 329
250	プリンターで印刷する ・・・・・・・・・・・・・・・・・・・・・・・ 330
	INDEX ・・・・・・・・・・・・・・・・・・・・・・・・・・・・・・・・ 332

HOW TO USE　本書の読み方

本書の読み方

本書は、Photoshopの基本操作を、やりたい目的や項目から逆引きして学ぶことを目的としています。サンプルファイル（専用サイトからダウンロード）を使い、実際に作業することで機能の使い方を理解できるようになっています。
なお、本書はWindows 10環境でCC2018を使用した画面で解説していますが、Macでもお使いいただけます。

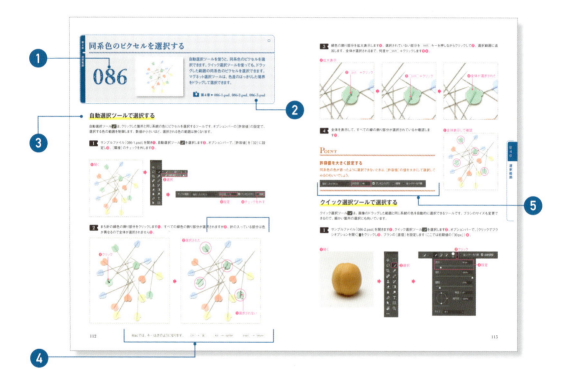

❶ 通し番号
解説項目には、全ページを通しての通し番号がついています。

❷ サンプルファイル
その項目で使用するサンプルファイルの名前を記しています。該当のファイルを開いて、操作をおこないます（ファイルの利用方法については、P.004を参照してください）。

❸ 小見出し
解説によっては、同じ目的でも操作方法が複数あるものがあります。その場合、小見出しが表示されます。小見出しのない項目もあります。

❹ Mac用キーアサイン
Mac用のキーアサインが表記されています。

❺ コラム
解説を補うためのコラムがあります。

基本操作

Photoshopで画像編集や加工を行うためには、基本操作をしっかり覚えることが重要です。クリエイティブな制作作業を効率的に行うためには、基本操作をしっかり覚えましょう。

第1章

ツールパネルの操作を覚える

001

Photoshopの操作は、ツールパネルでツールを選択するところからはじまります。
ツールパネルの操作を覚えましょう。

1 ツールパネルの ▸ をクリックすると❶、ツールパネルが2列表示になります❷。2列表示の ◂ をクリックすると、1列表示に戻ります。
画面のサイズに応じて、使いやすい表示で作業してください。

本書は、2列表示で説明する

2 ツールアイコンの右下に ◢ が表示されているツールには、サブツールがあります。マウスボタンを長押しすると❶、サブツールが表示され❷、ツールを選択できます❸。サブツールを選択すると、そのツールがツールパネルに表示されます❹。

Macでは、キーは次のようになります。　Ctrl → ⌘　Alt → option　Enter → return

独自のツールパネルを作る

002

CC2015から、ツールパネルによく使うツールだけを表示し、あまり使わないツールは予備ツールに集められるようになりました。使いやすいツールパネルにして効率をあげましょう。

1 ［編集］メニュー→［ツールバー］を選びます❶。［ツールバーをカスタマイズ］ダイアログボックスが表示されるので、［ツールバー］に表示されたツールから、使わないツールを［予備ツール］にドラッグします❷。

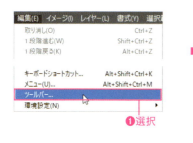

ツールは、選択して青く囲まれたグループごとドラッグできる

2 不要なツールを予備ツールに移動したら、［完了］をクリックします❶。

予備ツールに移動するだけでなく、［ツールバー］の中でツールをドラッグしてグループ構成を変更できる

3 ツールバーに、不要なツールが表示されなくなります❶。また、予備ツールは下部に表示された■■■をマウスボタンで長押しすると❷、表示されます❸。

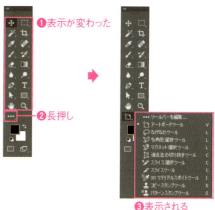

パネルの操作を覚える

第1章 基本操作 003

Photoshopでの各種設定は、パネルで行うことがほとんどです。パネルの操作方法を覚えましょう。

1 初期設定で表示されていないパネルは、［ウィンドウ］メニューから選択して表示します❶。
パネルは、関連性のある複数のタブが組み合わされて表示され、タブをクリックすると❷、表示を切り替えられます❸。

❷クリック

❸表示が変わる

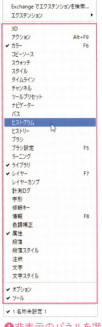
❶非表示のパネルを選択して表示

2 パネルのタブ部分をドラッグすると❶、そのタブを分離して表示できます❷。

❶ドラッグ

❷分離した

3 パネルのタブ部分をほかのパネルに重ねようにドラッグすると❶、パネルをドッキングできます❷。

❶ドラッグ

❷ドッキングした

016　　　Macでは、キーは次のようになります。　Ctrl → ⌘　　Alt → option　　Enter → return

4 ドックに入っているパネルは、タブ部分をドラッグして外に出すと❶、そのパネルだけを分離できます❷。

5 タブの横の部分をドラッグして外に出すと❶、複数のパネルを同時に分離できます。

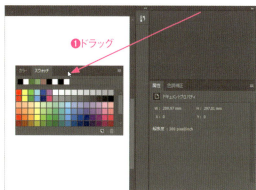

6 パネルの上部を画面の左右にドラッグして移動し❶、青くなった部分にドロップすると❷、パネルがドックに入ります❸。タブをドラッグ&ドロップすると、そのタブだけがドックに入ります。

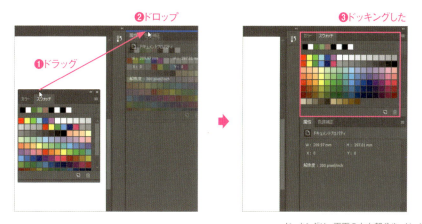

ドッキングは、画面の左右部分や、ドックの上下左右など、青く表示された部分で可能

017

7 パネルの ▶▶ をクリックすると❶、パネルはアイコンパネルの状態になります❷。アイコンパネルの状態で ◀◀ をクリックすると、通常のパネル表示に戻ります。
アイコンパネルは、境界線をドラッグして❸、パネル名称のないアイコンだけの表示にもできます。

8 アイコンパネルの状態で、アイコンパネルをクリックすると❶、通常のパネルが表示されます❷。

POINT

自動でアイコンパネルに戻す

Ctrl キーと K キーを押して表示される[環境設定]ダイアログボックスの[ワークスペース]で、[自動的にアイコンパネル化]にチェックを付けると、通常のパネル表示にしたアイコンパネルは、操作を終了すると自動でアイコンパネルに戻ります。

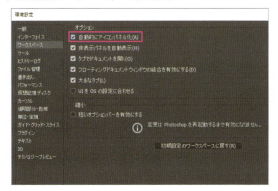

9 パネルのタブ部分をダブルクリックすると❶、タブ名だけの表示になります。再度ダブルクリックすると元の表示に戻ります❷。

10 パネルの ≡ をクリックすると❶、パネルメニューが表示され❷、パネルに関する機能を選択できます。

018　　　Macでは、キーは次のようになります。　Ctrl → ⌘　　Alt → option　　Enter → return

パネルの表示状態を切り替える

004

パネルの表示状態をワークスペースといいます。ワークスペースは、作業用途によってプリセットが用意されており、簡単に切り替えられます。

1 ワークスペースの初期状態は、[初期設定] です❶。このワークスペースを変更します。画面右上の■をクリックし❷、表示されたメニューから [写真] を選択します❸。

❶初期設定のワークスペースの状態

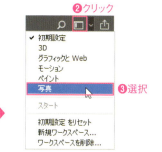

2 選択したワークスペースが適用され、表示されるパネルの種類や位置が変わりました❶。

❶ワークスペースが変わった

POINT

ワークスペースを初期状態に戻す

ワークスペースのメニューから [ワークスペース名をリセット] を選択すると、ワークスペースの初期状態に戻せます。

019

第1章 基本操作

パネルの位置をワークスペースとして登録する

005

自分が使いやすいように表示したパネルや位置の状態は、ワークスペースとして登録できます。

1 作業しやすいように、パネルを表示し、配置します（どんな状態でもかまいません）❶。
この状態をいつでも使えるように登録します。

❶使いやすいパネル配置にする

2 画面右上の■をクリックして❶、表示されるワークスペースメニューから［新規ワークスペース］を選択します❷。［新規ワークスペース］ダイアログボックスが表示されるので、［名前］に名称を（ここでは「MyWorkSpace01」）入力します❸。［キーボードショートカット］［メニュー］［ツールバー］をカスタマイズしている場合、その設定も含めるときはチェックを付け❹、［OK］をクリックします❺。

3 ワークスペースメニューに登録したワークスペースが追加されます❶。プリセットのワークスペースと同様に利用できます。

❶追加された

POINT

ワークスペースの削除

■をクリックして表示されるメニューから［ワークスペースを削除］を選択すると、［ワークスペースを削除］ダイアログボックスが表示され、使用していないワークスペースを削除できます。

Macでは、キーは次のようになります。 Ctrl → ⌘　Alt → option　Enter → return

作業画面の色を変更する

第1章 基本操作

006

Photoshopの作業画面は、メニューやツールの色が暗いグレー表示が初期設定です。この色は4種類の色から選択できます。お好みの色にして作業してください。

1 初期設定の画面です❶。パネルやメニューはやや暗めのグレーで表示されています。
［編集］メニュー（Macでは［Photoshop CC］メニュー）→［環境設定］→［インターフェイス］を選択します❷。

❶初期設定の表示色

❷選択

2 ［環境設定］ダイアログボックスが表示されるので、［明るさ］のカラーをクリックして選択します❶。パネルやメニュー等の画面全体のカラーが変わります❷。

❶選択

POINT

初期設定のカラー

初期設定は、左から2番目のカラーです。

❷色が変わった

021

新規ドキュメントを作成する

007

新規ドキュメントを作成する際には、作成目的に応じたプロファイルから、ドキュメントのサイズを選択するだけで、最適な新しい空のドキュメントを作成できます。

---

1 [ファイル]メニュー→[新規]を選択します❶。

CC2015.5以降では、Illustratorの起動直後は、[スタート]ワークスペース画面の[新規作成]をクリックしてもよい

2 [新規ドキュメント]ダイアログボックスが表示されるので、上側に表示されたドキュメント作成の目的を選択します❶。[空のドキュメントプリセット]でドキュメントのサイズを選択します❷。右側に[プリセットの詳細]が表示されるので、サイズや方向、単位、アートボードの有無などの設定を変更する場合は設定し❸、[OK]をクリックします❹。

CC2015.5以前の[新規ドキュメント]ダイアログボックスは、次ページ参照

3 [新規ドキュメント]ダイアログボックスで設定したカラーモード、サイズの空のドキュメントが開きます❶。

022　　　　Macでは、キーは次のようになります。　Ctrl → ⌘　　Alt → option　　Enter → return

CC2015.5以前の［新規ドキュメント］ダイアログボックス

CC2015.5以前は、［新規ドキュメント］ダイアログボックスが異なります。［ドキュメントの種類］でドキュメント作成の目的を選択します❶。［サイズ］（または［アートボードサイズ］）でドキュメントのサイズを設定します❷、［幅］や［高さ］、［解像度］、［カラーモード］、［カンバスカラー］が設定されるので、変更する場合は設定し❸、［OK］をクリックします❹。
［カラーモード］は用途に応じて選択します。CMYKはおもに印刷物の制作用で、印刷に利用する4色のインクである、シアン（C）、マゼンタ（M）、イエロー（Y）、ブラック（K）で色を指定します。RGBはWebなどモニター表示を目的とした制作物の場合に使います。光の三原色であるレッド（R）、グリーン（G）、ブルー（B）で色を指定します。

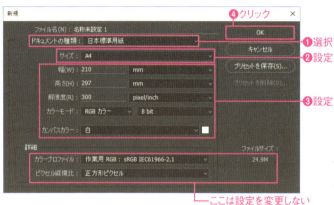

CC2017以降の［新規ドキュメント］ダイアログボックスで、［詳細設定］をクリックするとこのダイアログボックスが表示される

POINT

アートボード

CC2015から、アートボード機能が追加され、決められたサイズのアートボードに画像や図形などのレイヤーを配置できるようになりました。アートボードは複数作成できるので、スマートフォンのサイト制作など、異なったサイズで同じ内容を使った画像を制作する際に利用すると便利です。

POINT

CC2017以降で以前の［新規ドキュメント］ダイアログボックスを使う

［編集］（Macでは［Photoshop CC］）メニュー→［環境設定］で表示される［環境設定］ダイアログボックスの［一般］で、［従来の「新規ドキュメント」インターフェイスを使用］にチェックを付けると、2015.5以前と同じ［新規ドキュメント］ダイアログボックスが表示されます。

画像ファイルを開く

第1章 基本操作

008

既存のファイルを開く方法はいくつかあります。ここでは、基本的な開き方や知っておくと便利な開き方を解説します。
Photoshopでは、Photoshopで作成したファイルだけでなく、JPEGやPNGなどの汎用的な画像ファイルをも開けます。

[開く] ダイアログボックスで選択

もっとも基本的なファイルの開き方です。
［ファイル］メニュー→［開く］を選択します❶。［開く］ダイアログボックスが表示されるので、ファイルを選択し（複数ファイルの選択可）❷、［開く］をクリックします❸。

CC2015.5以降では、Photoshopの起動直後は、［スタート］ワークスペース画面の［開く］をクリックしてもよい

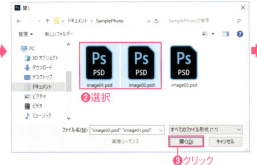

[スタート] ワークスペース画面から開く

CC2015以降では、Photoshopの起動直後の、［スタート］ワークスペース画面に、直近で開いたファイルのサムネールが表示され、クリックするとファイルを開けます❶。
ファイル名で絞り込んで表示したり❷、条件で並べ替えしたりすることもできます❸。

024　　　Macでは、キーは次のようになります。　Ctrl → ⌘　　Alt → option　　Enter → return

[最近使用したファイル]から開く

[ファイル]メニュー→[最近使用したファイル]から、最近使用したファイルを選択して開けます❶。

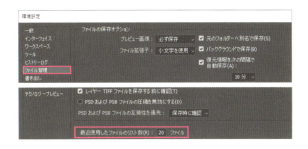

POINT

[最近使用したファイル]の表示数

[最近使用したファイル]の表示数は、[編集](Macでは[Photoshop CC])メニュー→[環境設定]で表示される[環境設定]ダイアログボックスの[ファイル管理]の、[最近使用したファイルのリスト数]で設定できます(0〜100が設定可能)。

ドラッグ&ドロップで開く

エクスプローラーウィンドウ(MacではFinderウィンドウ)に表示したPhotoshopファイルや画像ファイルを、Photoshopの画面に直接ドラッグして開けます❶。すでにドキュメントが開いているときは、ファイル名の表示されているタブの右側のグレー部分にドラッグしてください。

POINT

ダブルクリックでの表示

エクスプローラーウィンドウ(MacではFinderウィンドウ)で、Photoshopドキュメントのアイコンをダブルクリックしても開くことができます。ただし、バージョンの異なるPhotoshopがインストールされているときは、開きたいバージョンのPhotoshopで開かないこともあるのでご注意ください。
Photoshopファイル以外のPNGやJPEGなどは、ファイルの種類の関連付けによってダブルクリックで開くことができます。

025

RAWデータを開く

第1章 基本操作

009

Photoshopでは、デジタルカメラで撮影した現像前のRAWデータを、現像処理を行うCamera Rawを使って開くことができます。Camera Rawでは、画像補正も行えます。

1 ［ファイル］メニュー→［開く］を選択します❶。［開く］ダイアログボックスが表示されるので、RAWデータを選択して❷、［開く］をクリックします❸。

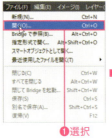

2 Camera Rawが開くので、必要に応じて画像を補正します❶。画像をPhotoshopで開くには［画像を開く］をクリックします❷。

POINT

RAW以外の画像をCamera Rawで開く

［ファイル］メニュー→［指定形式で開く］（Macでは［開く］）を選択し、ファイル形式に［Camera Raw］を選択すると、JPEGなどの画像ファイルをCamera Rawで開けます。

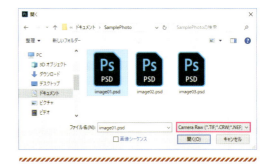

3 PhotoshopでRAWデータが開きました❶。Photoshopファイルとして保存するには、名称を付けて、PSD形式で保存してください。

026　　Macでは、キーは次のようになります。　Ctrl → ⌘　　Alt → option　　Enter → return

複数ドキュメントをタブ形式以外で表示する

第1章 基本操作

010

Photoshopでは、複数のファイルを開くと、タブでまとまって表示されます。
タブではなく、並べて表示したり、独立して表示することも可能です。

ドキュメントを独立したウィンドウで開く

複数のドキュメントを開くと、タブで表示されます。タブ部分をドラッグすると❶、そのドキュメントだけ独立したウィンドウで表示できます❷。

独立したウィンドウを、元のタブ部分にドラッグすると元に戻せる

並べて開く

[ウィンドウ]メニュー→[アレンジ]で表示されるリストからレイアウト方法を選択すると❶、複数のドキュメントを並べて表示できます❷。

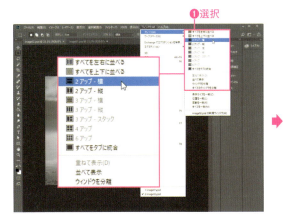

027

Photoshop形式でファイルを保存する

011

Photoshopで作業したデータは、Photoshop形式で保存しておきましょう。Web等でPNGやJPEG形式の画像が必要な場合も、元のPhotoshopデータを取っておき、そこからPNGやJPEGに保存することを心がけてください。

1 Photoshopで作業後、[ファイル]メニュー→[保存]を選択します❶。

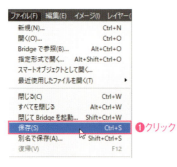

POINT

別名で保存

[別名で保存]は、作業中のファイルを別名で保存して、そのファイルが作業ファイルになります。

2 はじめて保存するときは[名前を付けて保存]ダイアログボックスが表示されるので、保存場所を選択し❶、[ファイル名]（Macでは[名前]）にファイル名を入力します❷。必要に応じてオプション等を設定し❸、[保存]をクリックします❹。一度保存すると2回目以降は、このダイアログボックスは表示されずに上書き保存されます。

Ⓐ 現在の内容のファイルの複製を作成する
Ⓑ 注釈ツールで挿入した注釈を保存する
Ⓒ アルファチャンネルを保存する
Ⓓ スポットカラーを保存する
Ⓔ レイヤーを保存する
Ⓕ [表示]メニューの[校正設定]で選択した校正設定のカラーで保存する
Ⓖ ICCプロファイル（カラープロファイル）を保存する
Ⓗ ファイルのサムネールデータを保存する

3 [Photoshop形式オプション]ダイアログボックスが表示されたら、[互換性を優先]にチェックを付けて[OK]をクリックします❶。

POINT

キーボードショートカットでこまめに保存

保存のキーボードショートカットは、Ctrl＋Sです。こまめに保存してください。

028　　Macでは、キーは次のようになります。　Ctrl → ⌘　　Alt → option　　Enter → return

画像の解像度やピクセル数を確認する

012

Photoshopで扱う画像は、ピクセルが集まってできています。デジタルカメラなどで撮影した写真のピクセル数や解像度がどれぐらいなのかを確認する方法を覚えましょう。

📂 第1章 ▶ 012.psd

1 サンプルファイルを開き❶、[イメージ]メニュー→[画像解像度]を選択します❷。

❶開く　❷選択

2 [画像解像度]ダイアログボックスが開きます。右側の[寸法]に「ピクセル数」❶、[解像度]に「解像度」が表示されます❷。

POINT

ピクセル数と解像度

Photoshopで扱う写真画像のようなデータは、小さなピクセル（画素）が集まってできています。ピクセル数は、1280×768のように横と縦のピクセル数で表します。

ところが、ピクセルには1ピクセル＝XXmmのように決まった大きさがありません。ピクセルのサイズは、1インチにピクセルがどれぐらい入るかで表現します。これが解像度です。単位は「ppi」（pixel per inch）です。解像度は、数値が大きいほどピクセルサイズが小さくなります。

商業印刷で使用する画像は、通常300〜350ppiで作成します。Webページなどモニターで表示する画像では、解像度よりも実際の縦横のピクセル数が重要となります。

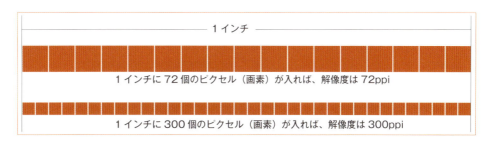

029

画像の解像度やピクセル数を変更する

013

[画像解像度]で、画像データの解像度を変更できます。また、ピクセル数（画素数）も変更できます。ピクセル数の変更では、拡大もできますが、通常は画像を小さくするのに利用します。

第1章 ▶ 013.psd

1 サンプルファイルを開き❶、[イメージ]メニュー→[画像解像度]を選択します❷。

❶開く

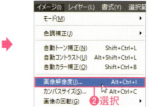
❷選択

2 [画像解像度]ダイアログボックスが表示されます。[再サンプル]のチェックを外し❶、[解像度]を「96」に変更します❷。
再サンプルにチェックを付けないと、画像の画素数は固定されます。解像度が小さくなったので、[幅]と[高さ]の数値が大きくなります❸。

3 [合わせるサイズ]を[オリジナルのサイズ]に設定して元に戻します❶。今度は[再サンプル]にチェックが付いた状態で❷、[解像度]を「96」に変更します❸。
[幅]と[高さ]は変わりませんが❹、[寸法]に表示されるピクセル数は小さくなります❺。[再サンプル]にチェックが付いていると、指定された[幅]と[高さ]、[解像度]に合わせて全体のピクセル数が増減します。

なお、通常はピクセル数が増える変更はしません（存在しないピクセルを作り出すことになります）。

POINT

ピクセル数で指定

[幅]と[高さ]の単位を[pixel]に変更すると、ピクセル数を指定して変更できます。

画像のカンバスサイズを変更する

014

画像の大きさに比べてカンバスサイズが小さい場合や、画像の周りに余白を増やしたいときは、カンバスサイズを変更できます。

📥 第1章 ▶ 014.psd

1 サンプルファイルを開き❶、[イメージ]メニュー→[カンバスサイズ]を選択します❷。

❶開く

❷選択

2 [カンバスサイズ]ダイアログボックスが開きます。[相対]にチェックを付け❶、[幅]と[高さ]に増やしたい大きさ(ここでは[幅]に「10」、[高さ]に「20」)を入力します❷。[基準位置]で、どこを基準にカンバスサイズを広げる(狭める)かを設定し(ここでは中心に設定)❸、[OK]をクリックします❹。

カンバスサイズを狭めると、すでにレイヤーに配置されている画像等の一部が切れることがあるので注意

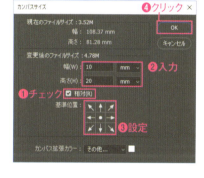

3 画像の中心を基準として、幅が左右に5mmずつ合計10mm広がり、高さも上下に10mmずつ合計20mm広がりました❶。

❶カンバスサイズが広がった

POINT

カンバスのサイズを指定する

[相対]にチェックを付けないと、カンバスのサイズを指定することになります。基準位置から、指定した[幅]と[高さ]のカンバスとなります。

画面の表示倍率を変更する

015

細かな修正作業には、画面の拡大・縮小が必須です。基本はズームツールによる拡大・縮小です。画面の表示倍率は、12800％まで拡大できます。キーボードショートカットを覚えると便利です。

第1章 ▶ 015.psd

ズームツールを使う

サンプルファイルを開きます。ズームツール🔍を選択し❶、オプションバーで[スクラブズーム]にチェックが付いていると❷、右にドラッグすると表示が拡大し❸、左にドラッグすると縮小します❹。またクリックで拡大、Alt＋クリックで縮小となります。

[スクラブズーム]は、[編集]メニュー→[環境設定]→[パフォーマンス](Macでは[Photoshop CC]メニュー→[環境設定]→[パフォーマンス])で、[グラフィックプロセッサーを使用]が有効なことが必要

GPUを使っていない環境では、ズームツール🔍で拡大箇所をドラッグします❶。ドラッグした範囲が表示されるように表示が拡大します❷。
縮小するときは、Alt キーを押しながらクリックします。

POINT

マウスホイールを使う

マウスホイールを Alt キーを押しながら回すと表示倍率を変更できます。

メニューを使う

[表示]メニューのコマンドを使うと、100％表示やアートボード全体の表示などができます❶。キーボードショートカットが設定されているので、覚えておくと便利です。
また、ウィンドウ下には、現在の表示倍率が表示されます❷。ここに直接倍率を入力することもできます。

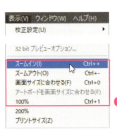

POINT

表示倍率のキーボードショートカット

ズームイン	Ctrl ＋ ＋
ズームアウト	Ctrl ＋ －
画面サイズに合わせる	Ctrl ＋ 0
100％表示	Ctrl ＋ 1

Macでは、キーは次のようになります。 Ctrl → ⌘   Alt → option   Enter → return

画面の表示位置を変更する

016

画面の表示位置を変更するには、手のひらツールを使うのが一般的です。
スクロールバーを使ってもかまいません。

第1章 ▶ 016.psd

手のひらツールを使う

サンプルファイルを開きます。手のひらツール を選択し❶、ドラッグすると画面の表示位置を変更できます❷。

POINT

一時的に手のひらツールにする

ほかのツールを使っているときでも、spaceキーを押すと一時的に手のひらツール になります。ただし、文字の編集中は利用できません。

スクロールバーを使う

ウィンドウの右と下に表示されているスクロールバーを使っても表示位置を変更できます。

POINT

マウスホイールを使う

マウスホイールを使っても表示位置を変更できます。
マウスホイールを回すと上下に移動、Ctrlキーを押しながら回すと左右に移動します。

スクロールバーを使っても表示位置を変更

画面を回転させて表示する

017

カンバスは、回転させて表示できます。ペンタブレットを使用した描画等で、使いやすい角度で作業できます。

第1章 ▶ 017.psd

1 サンプルファイルを開きます。回転ビューツール を選択し❶、回転表示するカンバスをドラッグします❷。表示が回転します❸。表示状態が回転しているだけで、カンバス内の画像が回転しているわけではありません。

❶選択

❷ドラッグ

❸回転した

2 オプションバーの［回転角度］に、回転角度が表示されます❶。ここに直接数値を入力して角度を指定できます。［ビューの初期化］をクリックすると、元に戻ります❷。
［すべてのウィンドウを回転］にチェックを付けると、開いているすべての画像ウィンドウが同じ角度で回転表示されます❸。

❶回転角度が表示

❷元に戻す

❸すべての画像ウィンドウが同じ角度で回転表示

034　　Macでは、キーは次のようになります。　Ctrl → ⌘　　Alt → option　　Enter → return

定規の原点を変更する

018

Photoshopでは、初期設定で定規が表示されます。定規の原点はカンバスの左上になりますが、好きな位置に変更できます。
作業状況に応じて変更してください。
元に戻すこともできます。

第1章 ▶ 018.psd

1 サンプルファイルを開きます❶。左上の定規の交点から原点にしたい位置までドラッグします❷。ドラッグ先が原点になります❸。

定規が表示されていないときは、[表示]メニュー→[定規]を選択

2 定規の交点をダブルクリックします❶。原点が、元のカンバスの左上に戻ります❷。

POINT

定規の表示・非表示

[表示]メニュー→[定規]を選択して、定規の表示・非表示を切り替えられます。キーボードショートカットは Ctrl + R です。

定規からガイドを作成する

定規を使って、水平・垂直のガイドラインを作成できます。
ガイドを使うと、画像の修正や描画がやりやすくなるので、積極的に使いましょう。

第1章 ▶ 019.psd

1 サンプルファイルを開きます。左の垂直定規からアートボードに向かってドラッグします❶。マウスボタンを放した位置に垂直のガイドが作成されます❷。ガイドは、移動ツール を選択すると❸、ドラッグして移動できます❹。ここでは垂直定規で作成していますが、上の水平定規からは水平ガイドを作成できます。

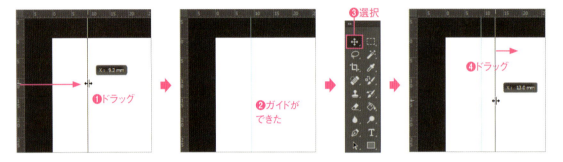

定規が表示されていないときは、[表示]メニュー→[定規]を選択

POINT

定規の目盛りに合わせたガイドを作成

Shift キーを押しながらドラッグすると、定規の目盛りに合わせたガイドを作成できます。

2 移動ツール で❶、ガイドを定規までドラッグすると❷、ガイドを消去できます❸。

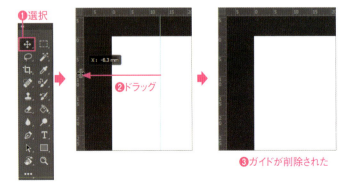

POINT

すべてのガイドを消去

[表示]メニュー→[カンバスガイドを消去]を選択すると、すべてのガイドを消去できます。

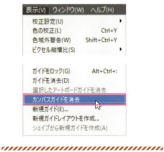

Macでは、キーは次のようになります。　Ctrl → ⌘　　Alt → option　　Enter → return

ガイドを数値指定で作成する

ガイドは、定規からドラッグして作成するだけでなく、数値指定して作成することもできます。また、レイアウト用のガイドレイアウトも作成できます。

第1章 ▶ 020.psd

ガイドを数値指定で作成する

サンプルファイルを開き、[表示]メニュー→[新規ガイド]を選択します❶。[新規ガイド]ダイアログボックスが表示されるので[方向]でガイドの作成方向を選択し❷、[位置]にガイドの作成位置を指定して(ここでは「10」)❸、[OK]をクリックします❹。指定した位置にガイドが作成されます❺。

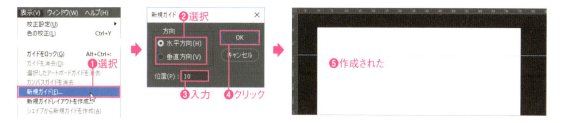

ガイドレイアウトを作成する

レイアウト用の等間隔のガイドを作成できます。[表示]メニュー→[新規ガイドレイアウトを作成]を選択します❶。[新規ガイドレイアウトを作成]ダイアログボックスが表示されるので、ガイドを作成する方向として[列]または[行]にチェックを付け❷、[数]に作成するガイドの数を入力します(ここでは「4」)❸。[幅](または[高さ])を入力すると、指定した範囲内にガイドが作成されます❹。空欄だとカンバスサイズで作成されます。[間隔]にガイドの間隔を入力します(ここでは「1.5mm」)❺。[マージン]にチェックを付けると❻、指定した数値でマージンガイドを作成できます(ここではそれぞれ「1.5mm」)❼。[列を中央に揃える]にチェックを付けると、列のガイドが中央に揃います❽。[既存のガイドを消去]にチェックを付けると❾、既存のガイドを消去して新しいガイドを作成します。[OK]をクリックすると❿、ガイドが作成されます⓫。

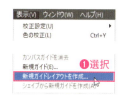

シェイプからガイドを作成する

021

シェイプからガイドを作成できます。特定サイズの画像を作成するときのガイド枠として使うなど、定規ガイドとは別に覚えておくと便利な機能です。

第1章 ▶ 021.psd

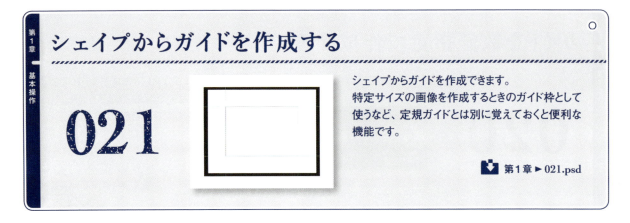

1 サンプルファイルを開きます❶。レイヤーパネルで、ガイドを作成するシェイプレイヤー（ここでは「長方形1」）を選択します❷。

❶開く
❷選択

2 ［表示］メニュー→［シェイプから新規ガイドを作成］を選択します❶。シェイプを囲むガイドが作成されます❷。

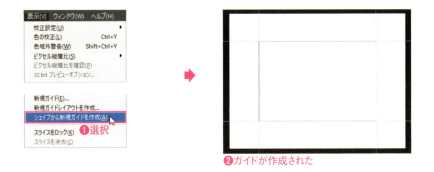

❶選択
❷ガイドが作成された

POINT

ガイドはシェイプを囲む最大サイズ

シェイプの形状が長方形でない場合や、同じシェイプレイヤーに複数のシェイプ図形がある場合、すべてのシェイプを囲む最大サイズのガイドが作成されます。

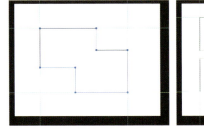

Macでは、キーは次のようになります。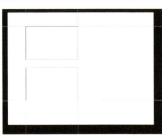

ガイドにスナップさせる

022

Photoshopでは、初期設定で画像を移動した際、ガイドやグリッドにピッタリ揃えるスナップ機能が有効になっています。スナップ機能は解除して、自由な位置に移動できます。またスナップする場所を選択できます。

⬇ 第1章 ▶ 022.psd

1 サンプルファイルを開きます❶。移動ツール を選択し❷、画像をドラッグして左上がガイドの交点に合うように移動します。スナップ機能が有効なので、ガイドの交点と画像の左上がピッタリ揃います❸。

❶開く ❷選択 ❸ドラッグするとガイドに揃う

2 ［表示］メニュー→［スナップ］を選択し❶、スナップ機能を無効にします❷。再度、画像をドラッグして画像がガイドに揃わないことを確認してください❸。再度［表示］メニュー→［スナップ］を選択すると、スナップ機能が有効になります。画像を移動するときは、スナップのオンオフを適宜切り替えて、自由に配置できるようにしてください。

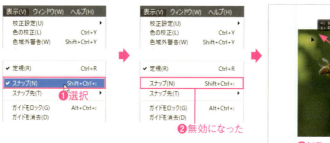

❶選択 ❷無効になった

❸ドラッグするとガイドに揃わない

POINT

スナップ先を選択

［表示］メニューの［スナップ先］で、スナップする対象を選択できます。

一時的にパネルを非表示にする

023

多くのパネルを表示すると、作業画面が狭くなってしまいます。そんなときは、一時的にパネルを非表示にすることを覚えておくと、大変便利です。

📥 第1章 ▶ 023.psd

1 サンプルファイルを開き、現在の作業状態のまま、Tabキーを押します❶。すべてのパネルが非表示になります❷。再度Tabキーを押すと、元の状態に戻ります❸。

❶ Tabキーを押す

❷ パネルが非表示になる

❸ Tabキーを押す

2 今度はShiftキーとTabキーを押します❶。ツールパネルとオプションバー以外のパネルが非表示になります❷。再度Tabキーを押すと、元の状態に戻ります❸。

❶ ShiftキーとTabキーを押す

❷ パネルが非表示になる

❸ Tabキーを押す

POINT

文字の編集中は使用不可

文字の編集中は、Tabキーを押すとタブの入力になってしまうので、使用しないでください。

Macでは、キーは次のようになります。 Ctrl → ⌘　Alt → option　Enter → return

スタートワークスペースを表示しないようにする

024

CC2015.5以降は、起動時に[スタート]ワークスペース画面が表示されますが、[環境設定]ダイアログボックスの設定によって非表示にできます。

1 [編集]（Macでは[Photoshop CC]）メニュー→[環境設定]→[一般]を選択します❶。

2 [環境設定]ダイアログボックスが表示されるので、[ドキュメントが開いてない時に「スタート」ワークスペースを表示する]のチェックを外し❶、[OK]をクリックします❷。

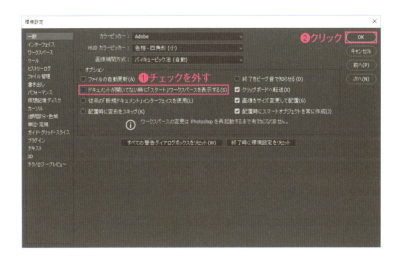

3 すべてのドキュメントを閉じてPhotoshopを再起動します。スタートワークスペース画面が表示されません❶。

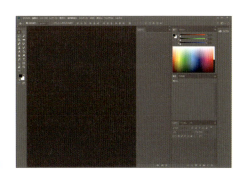

❶ Photoshopを再起動する

041

単位を変更する

025

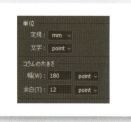

Photoshopでは、[定規]と[文字]の単位は環境設定で設定されたものが適用されます。定規の単位は、あとからでも変更できます。

1 [編集]メニュー→[環境設定]→[単位・定規]を選択します❶。[環境設定]ダイアログボックスの[単位]で、定規と文字の単位を変更できます❷。開いているすべてのドキュメントの単位が変わります。

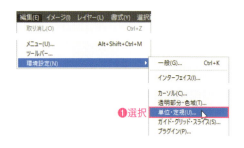

2 情報パネルの＋をクリックして表示されるメニューから、定規の単位を変更できます❶。開いているすべてのドキュメントの定規の単位が変わります。

3 定規が表示されているときは、定規の上で右クリックすると❶、メニューが表示されて単位を変更できます❷。開いているすべてのドキュメントの定規の単位が変わります。

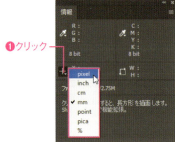
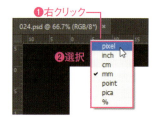

POINT

ドキュメントごとの設定は不可

Photoshopでは、ドキュメントごとに単位を設定できません。すべてのドキュメントに反映されます。

POINT

単位をつけての数値指定

各種パネルやダイアログボックスで、数値を指定する際、単位も一緒に入力すると、設定されている単位に自動で換算されます。単位は、以下のように指定してください。

ピクセル:px　　インチ:in
センチメートル:cm　　ミリメートル:mm
ポイント:pt　　パイカ:pi
%:%

単位をつけて数値指定できる

キーボードショートカットをカスタマイズする

026

メニューコマンドやツール選択には、あらかじめキーボードショートカットが割り当てられていますが、自分が使いやすいようにカスタマイズできます。

1 [レイヤー]メニュー→[レイヤーを複製]にキーボードショートカットを割り当ててみましょう。[編集]メニュー→[キーボードショートカット]を選択します❶。[キーボードショートカットとメニュー]ダイアログボックスが表示されるので、[キーボードショートカット]を選択します❷。[エリア]に「アプリケーションメニュー」を選択し❸、コマンドリストから[レイヤー（グループ）を複製]をクリックします❹。キーボードショートカットの入力が可能になるので、割り当てたいキーボードショートカットの組み合わせ（ここでは Shift キーと Ctrl キーと F キー）を押します❺。下部に Shift + Ctrl + F はすでに使用済みと表示されました❻。すでにほかの機能で使われています。

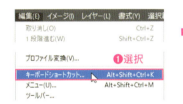

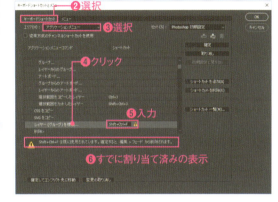

2 今度は Shift キーと Ctrl キーと − キー（− はテンキーではない −）を押します❶。ほかの機能に割り当てられていないことを確認して❷、[確定]をクリックします❸。

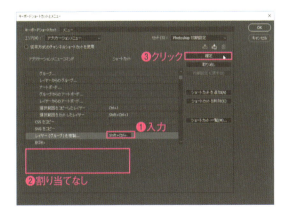

ほかの機能に割り当てられていない場合、競合先のショートカットを消去して、新しい機能に割り当ててもよい

3 [セット]が「Photoshop 初期設定（変更）」に変わるので❶、[OK]をクリックします❷。

4 なにかファイルを開き、実際に Shift キーと Ctrl キーと − キーを押します❶。[レイヤーを複製]が実行されるか確認します❷。

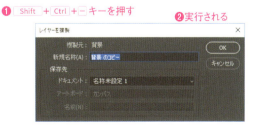

043

使わないメニューを非表示にする

027

第1章 基本操作

Photoshopでは、使用頻度の低いメニューコマンドを非表示にできます。
また、メニューに色を付けて、よく使うコマンドをすぐに選択できるように設定できます。

1 [編集]メニュー→[キーボードショートカット]を選択します❶。[キーボードショートカットとメニュー]ダイアログボックスが表示されるので、[メニュー]を選択します❷。[メニュー]に[アプリケーションメニュー]を選択し❸、コマンドリストから非表示にするコマンド(ここでは[編集]の[フェード])をクリックして選択し❹、👁をクリックして非表示にします❺。これで、メニューに表示されなくなります。

2 カラー表示するコマンド(ここでは[カット])の「なし」の表示をクリックして、表示する色(ここでは[オレンジ])を選択します❶。[OK]をクリックします❷。

3 [編集]メニューを表示して、[フェード]が非表示になり❶、[カット]がオレンジで表示されていることを確認します❷。非表示に設定したメニューは、最下部の[すべてのメニュー項目を表示]を選択すると表示されます❸。

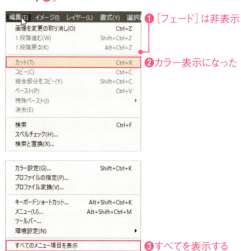

Macでは、キーは次のようになります。 Ctrl → ⌘　Alt → option　Enter → return

操作を取り消す、取り消した操作を元に戻す

028

操作の取り消しとやり直しは、Photoshopでの作業において必須の操作です。キーボードショートカットを覚えて使うようにしましょう。また、ヒストリーパネルも上手に使いましょう。

操作の取り消しとやり直し

［編集］メニューの［○○の取り消し］を選択すると、直前に行った操作を取り消すことができます❶。操作を取り消すと、表示は［○○のやり直し］に変わり、取り消した操作をやり直しできます。
また［編集］メニューの［1段階戻る］を選択すると、複数の作業をさかのぼって取り消しできます❷。［1段階進む］を選択すると［1段階戻る］で取り消した操作を取り消せます❸。

POINT

キーボードショートカットを使おう

操作の取り消しは、頻繁に利用するので、キーボードショートカットを覚えて使いましょう。

○○の取り消し　$Ctrl$ + Z
1段階戻る　Alt + $Ctrl$ + Z
1段階進む　$Shift$ + $Ctrl$ + Z

❶操作の取り消し
❸取り消した操作を取り消す
❷操作を複数回取り消す

ヒストリーパネルで元に戻る

ヒストリーパネルには、操作の履歴が順番に表示されます。選択すると❶、その操作をした直後の状態に戻せます❷。

❶選択

ヒストリーで戻った状態から新しい操作をすると、前の操作は取り消される

❷選択した操作の状態に戻る

スナップショットで画像の状態を保存する

029

ヒストリーパネルのスナップショットを使うと、画像の状態を記録しておき、呼び戻すことができます。スナップショットは複数作成できるので、画像の編集や加工時に、途中の段階を残しておき比較するときなどに便利です。

1 スナップショットとして保存しておきたい状態で、ヒストリーパネルの［新規スナップショットを作成］ をクリックします❶。ヒストリーパネルの上部にスナップショットが作成されます❷。

作例と同じ操作でなくてもいいので、適当なファイルを開き操作する

2 加工や修正などの作業をしたあとに❶、ヒストリーパネルのスナップショットをクリックします❷。

❶画像加工

3 スナップショットを作成した状態に戻りました❶。

POINT

閉じると消えるので注意

スナップショットとヒストリーは、画像を一度閉じると消えてしまうのでご注意ください。

❶戻った

よく使う画像をライブラリに登録する

030

頻繁に利用する画像や色は、Creative Cloudのライブラリに保存しておくと、すぐに利用できます。ライブラリは、IllustratorやInDesignと共通で利用できるのも便利です。
ライブラリは、CC 2014以降で利用できます。

第1章 ▶ 030.psd

1 サンプルファイルを開き、レイヤーパネルでライブラリに登録したいレイヤーを選択します❶。ライブラリパネルの╋をクリックし❷、ライブラリに登録する種類（[グラフィック]はレイヤーの画像、[描画色]は現在の描画色）にチェックを付け❸、[追加]をクリックします❹。

2 ライブラリパネルに画像、描画色が登録されます❶。描画色は、スウォッチのようにクリックして利用できます❷。画像は、右クリックして表示されるメニューから[レイヤーを配置]を選択すると、新規レイヤー画像として配置できます。[リンクを配置]では、スマートオブジェクトとして配置されます❸。

描画色は、現在選択されている描画色なので、画面と異なることもある

POINT

ドキュメントからの新規ライブラリ

ライブラリパネルの[ドキュメントからの新規ライブラリ]をクリックすると、ドキュメント内に[文字スタイル][カラー][レイヤースタイル][スマートオブジェクト]のいずれかが含まれている場合、チェックを付けた項目を含んだ新しいライブラリを作成できます。

よく使う操作をワンクリックで実行できるようにする

031

アクションを使うと、頻繁に利用する複数の機能を登録しておき、ワンクリックで実行できます。ここでは簡単な操作を登録して、使い方を覚えましょう。

📥 第1章 ▶ 031-1.psd、031-2.psd

1 サンプルファイル「031-1.psd」を開きます❶。画像をグレースケールに変換する操作をアクションに登録しましょう。アクションパネルを開き、[新規アクションを作成]をクリックします❷。[新規アクション]ダイアログボックスが表示されるので、[アクション名]に「グレースケール」と入力し❸、[記録]をクリックします❹。

❶開く

❷クリック

❸入力　❹クリック

2 記録する操作を行います。ここでは、[イメージ]メニュー→[グレースケール]を選択し❶、ダイアログボックスが表示されたら[再表示しない]にチェックを付けて❷、[破棄]をクリックします❸。アクションパネルの、[再生／記録を中止]をクリックします❹。画像はグレースケールに変換されます❺。

❶選択

❷チェック　❸クリック

❹クリック

❺グレースケールになった

3 アクションを実行してみましょう。サンプルファイル「031-2.psd」を開きます❶。アクションパネルの「グレースケール」を選択して❷、[選択項目を再生]をクリックします❸。画像がグレースケールに変換されます❹。

❶開く

❷選択　❸クリック

❹グレースケールになった

048　Macでは、キーは次のようになります。　Ctrl → ⌘　Alt → option　Enter → return

複数のファイルに同じ操作を自動で行う

032

アクションパネルに登録したアクションは、複数のファイルに一度に適用できます。同じ処理をたくさんのファイルに適用する場合に大変便利な機能です。ここでは、031で作成したアクションを使って説明します。

📥 第1章 ▶ 032 ▶ 032-1.psd、032-2.psd、032-3.psd

1 サンプルファイルのフォルダーから「032」フォルダーをデスクトップに移動します❶。フォルダー内には3枚のカラー画像が入っています❷。また、アクションを実行したあとのファイルを保存するフォルダーとして「032After」フォルダーを作成しておきます❸。

❷フォルダー内の画像

032-1.psd

032-2.psd

032-3.psd

2 ［ファイル］メニュー→［自動処理］→［バッチ］を選択します❶。

3 ［バッチ］ダイアログボックスが表示されるので、［アクション］に「グレースケース」を選択します❶。［ソース］に［フォルダー］を選択し❷、その下の［選択］をクリックしてデスクトップにコピーした「032」フォルダーを選択します❸。［実行後］に［フォルダー］を選択し❹、その下の［選択］をクリックしてデスクトップに作成したした「032After」フォルダーを選択します❺。設定したら［OK］をクリックします❻。

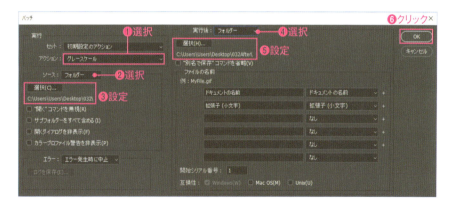

4 「032」フォルダーの画像が自動で読み込まれて、アクションの処理がされたあとに「032After」フォルダーに保存されます。「032After」フォルダーに保存されたファイルを開いてグレースケールになっていることを確認します❶。

❶グレースケールに変換された画像

049

非破壊編集を理解する

033

Photoshopでは、非破壊編集が主流です。非破壊編集とはどんな編集方法なのかを覚えておきましょう。

非破壊編集とは

たとえば、画像の周囲を徐々に透明にしていく編集をするとします❶。消しゴムツール などを使い周囲のピクセルを消去することが考えられますが、この方法だと消してしまったピクセルを元に戻すことはできません❷。そのため、元のデータを残すためには、レイヤーや元画像のファイルをコピーしておくなどの対応が必要となります。

レイヤーマスクを使っても同じ結果の画像に編集できます❸。レイヤーマスクは、レイヤーに対して表示する部分と非表示にする部分のマスクを設定しているだけなので、マスクを編集したり削除することで、元の画像に戻したり見える部分を制御することができます。

❶周囲の画像を徐々に透明にする

❷周囲を消しゴムツールなどで消去すると、消去した部分は元に戻せない

❸レイヤーマスクを使って周囲を非表示にすれば、いつでも元の状態に戻せる

このように、画像の元の状態を変えずに、復元できる状態で画像を編集することを非破壊編集といいます。
現在のPhotoshopは、下記の方法を使うことで元画像を残して非破壊編集できます。

- 色調補正　　　　　［イメージ］メニュー→［色調補正］ではなく、調整レイヤーを利用する
- 変形やフィルター　画像をスマートオブジェクトに変換することで、元画像を残したまま適用できる
- マスク　　　　　　レイヤーマスクやベクトルマスクを利用して、画像を消去せずに部分的に表示できる

なぜ非破壊編集がいいのか

画像を変形したり、拡大・縮小すると、元データに対してピクセル数が減るなどの劣化が生じることがあります。非破壊編集では、元画像を保持したまま、編集する内容を属性として付加するので、劣化が生じません。また、編集内容を修正したり、破棄して元に戻したりできることもメリットです。

POINT

非破壊編集できないとき

非破壊編集する方法のない機能を利用するときは、必ず対象となるレイヤーのコピーを作成しておきましょう。
ファイルをコピーしておくのもいいでしょう。

レイヤーと
アートボード

Photoshopのレイヤーは、透明なフィルムのようなもので、レイヤーを重ねて1枚の画像を作成します。また、アートボードを使うと、スマートフォンなどの複数のデバイスに対応するデザイン制作のために、異なったサイズのレイヤーをひとつのファイルで扱えます。本章では、レイヤーとアートボードについて解説します。

第2章

レイヤーを理解する

034

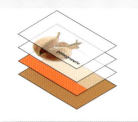

Photoshopではピクセル画像を扱うため、レイヤーが編集対象の基本単位となります。レイヤーの基本概念を覚えましょう。
サンプルファイルを開いて、レイヤーパネルを見ながら確認してください。

 第2章 ▶ 034.psd

レイヤーとは

ピクセル画像を扱うPhotoshopでは、レイヤーが編集単位となり、レイヤーを重ねてひとつの画像を作成していきます。ピクセルのない部分は、背面の画像が表示されます。
写真画像の修正では、ひとつのレイヤーだけで作業することもあります。
レイヤーには、表示／非表示、不透明度、描画モードなどが設定でき、重なり順を変更することもできます。
新規ファイルを作成すると、自動的に「背景」レイヤーが作成されます。

実際の画像

「いくつかのテキストレイヤーは、ベクトル方式で出力するために更新が必要になる場合があります。これらのレイヤーを更新しますか?」と表示されたら[更新]をクリック

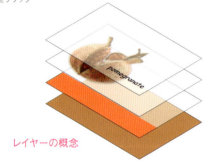

レイヤーの概念

レイヤーパネル

レイヤーの操作はレイヤーパネルで行います。下の画像は、右の画像のレイヤーパネルで、4つのレイヤーがあり、文字を入力したテキストレイヤー「pomegranate」が選択されている状態のものです。
レイヤーパネルが表示されていない場合は、[ウィンドウ]メニュー→[レイヤー]を選んで表示できます。

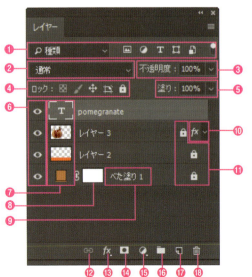

❶レイヤーを絞り込んで表示するフィルタリングの種類を選択
❷レイヤーの描画モードを選択する
❸レイヤーの不透明度を設定する
❹選択したレイヤーをロックする
　透明ピクセルをロック：　透明部分は編集不可にする
　画像ピクセルをロック：　ピクセルを編集不可にする
　位置をロック：　　　　　ピクセルを移動不可にする
　アートボードの内外への自動ネストを防ぐ（CC 2015以降）：
　　　　　レイヤー内の画像やシェイプを移動ツールでドラッグしたとき、ほかのアートボード間の移動を不可にする
　すべてをロック　　　　　レイヤーの編集・移動を不可にする
❺塗りの不透明度だけを設定する（ピクセル、シェイプ、テキストだけが不透明になり、ドロップシャドウなどのレイヤー効果には影響しない）
❻レイヤーの表示／非表示を切り替える
❼レイヤーのサムネールまたは種類のアイコンが表示される
❽レイヤーマスクのサムネール
❾レイヤー名。ダブルクリックして編集できる
❿レイヤースタイルが適用されているレイヤー
⓫ロックされているレイヤー。クリックして解除できる
⓬選択した複数レイヤーをリンクする。リンクしたレイヤーは、移動などの編集が連動する
⓭選択したレイヤーにレイヤースタイルを追加する
⓮選択したレイヤーにレイヤーマスクを追加する
⓯選択したレイヤーの上に、塗りつぶしレイヤーまたは調整レイヤーを作成する
⓰新規グループを作成する
⓱新規レイヤーを作成する
⓲選択したレイヤーを削除する

Macでは、キーは次のようになります。　Ctrl → ⌘　　Alt → option　　Enter → return

背景レイヤーと通常レイヤーの違いを理解する

035

新規ドキュメントを作成した際には、自動的に「背景」レイヤーが作成されます。「背景」レイヤーは、透明な部分がなく、位置がロックされたレイヤーです。背景レイヤーは、通常レイヤーに変換できます。

第2章 ▶ 035.psd

1 サンプルファイルを開きます❶。画像は「背景」レイヤーになっていることを確認します❷。

2 長方形選択ツール を選択します❶。ドラッグして適当な選択範囲を作成し❷、Delete キーを押します❸。背景レイヤーは透明部分ができないので、[塗りつぶし]ダイアログボックスが表示されます❹。ここではなにもせずに[キャンセル]をクリックします❺。

3 レイヤーパネルの「背景」レイヤーの をクリックします❶。背景レイヤーから通常レイヤーの「レイヤー0」レイヤーに変わります❷。

4 選択範囲が残っているので、そのまま Delete キーを押します❶。通常レイヤーになっているので、選択範囲が消去されてピクセルのない透明部分になります❷。

新しいレイヤーを作成する

036

レイヤーパネルで、新しいレイヤーを作成できます。必要な位置にレイヤーを作成できるように、作成方法を覚えましょう。

第2章 ▶ 036.psd

1 サンプルファイルを開きます❶。レイヤーパネルで、レイヤー名のないアキ部分をクリックして❷、どのレイヤーも選択されていない状態にします❸。

選択されているレイヤーを、Ctrlキーを押しながらクリックして、選択を解除してもよい

「いくつかのテキストレイヤーは、ベクトル方式で出力するために更新が必要になる場合があります。これらのレイヤーを更新しますか?」と表示されたら[更新]をクリック

2 レイヤーパネルの[新規レイヤーを作成]をクリックします❶。レイヤーパネルの一番上(最前面)に空白の新規レイヤー「レイヤー4」レイヤーが作成されます❷。

3 レイヤーパネルの「レイヤー2」レイヤーを選択し❶、[新規レイヤーを作成]をクリックします❷。「レイヤー2」レイヤーのすぐ上に新しい「レイヤー5」レイヤーが作成されました❸。レイヤーを選択してレイヤーを作成すると、すぐ上に新規レイヤーが作成されます。

054　　　Macでは、キーは次のようになります。　Ctrl → ⌘　　Alt → option　　Enter → return

レイヤーを複製する

037

レイヤーの画像の編集時に非破壊編集できないときは、レイヤーを複製しておいて元の画像を使えるようにしておくことが重要です。ここでは、レイヤーの複製方法を覚えましょう。

第2章 ▶ 037.psd

 サンプルファイルを開きます❶。レイヤーパネルで、画像のある「レイヤー1」レイヤーを[新規レイヤーを作成]にドラッグします❷。複製された「レイヤー1のコピー」レイヤーが作成されます❸。

2 レイヤーパネルの「レイヤー1のコピー」レイヤーの[レイヤーの表示/非表示]をクリックして非表示にします❶。複製元の「レイヤー1」レイヤーがあるので、画像の表示は変わりません❷。

POINT

作業前にコピーしておく

非破壊編集できない画像編集を行うときは、いつでも元画像を使えるように、対象となるレイヤーのコピーを取るように心がけましょう。

055

レイヤーの重なり順を変更する

038

レイヤーの重なり順は、レイヤーパネルでレイヤーをドラッグして変更できます。複数のレイヤーを一度に変更することも可能です。

第2章 ▶ 038.psd

1 サンプルファイルを開きます❶。レイヤーパネルで、「レイヤー3」レイヤーをドラッグして、「レイヤー2」レイヤーの下に移動します❷。

❶開く

❷ドラッグ

「いくつかのテキストレイヤーは、ベクトル方式で出力するために更新が必要になる場合があります。これらのレイヤーを更新しますか?」と表示されたら[更新]をクリック

2 「レイヤー2」レイヤーと「レイヤー3」レイヤーの重なり順が変わりました❶。画像も「レイヤー2」レイヤーの不透明な長方形が「レイヤー3」レイヤーのザクロの前面に配置されます❷。

❶重なり順が変わった

❷重なり順が変わった

3 レイヤーパネルの「レイヤー2」レイヤーと、テキストレイヤー「pomegranate」レイヤーを Shift キーを押しながらクリックして選択し❶、「レイヤー3」レイヤーの下にドラッグして移動します❷。選択したふたつのレイヤーが「レイヤー3」レイヤーの下に移動し、重なり順が変わりました❸。画像も、ザクロが最前面になりました❹。

❶Shift+クリック ❷ドラッグ

❸重なり順が変わった

❹ザクロが最前面になった

Macでは、キーは次のようになります。 Ctrl → ⌘　　Alt → option　　Enter → return

選択したレイヤー以外のレイヤーを非表示にする

039

レイヤーパネルの[レイヤーの表示/非表示]を使うと、レイヤーの表示/非表示を設定できますが、選択したレイヤー以外のレイヤーを非表示にすることもできます。

 第2章 ▶ 039.psd

1 サンプルファイルを開きます❶。レイヤーパネルの「レイヤー3」レイヤーの[レイヤーの表示/非表示]❷を Alt キーを押しながらクリックします❷。クリックした「レイヤー3」レイヤーだけが表示され、ほかのレイヤーは非表示になります。

❶開く

「いくつかのテキストレイヤーは、ベクトル方式で出力するために更新が必要になる場合があります。これらのレイヤーを更新しますか？」と表示されたら[更新]をクリック

❷ Alt +クリック

❸ほかのレイヤーが非表示になる

2 レイヤーパネルの「pomegranate」レイヤーの[レイヤーの表示/非表示]❷を Alt キーを押しながらクリックします❶。クリックした「pomegranate」レイヤーだけが表示され、ほかのレイヤーは非表示になります❷。

❶ Alt +クリック

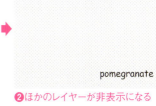

❷ほかのレイヤーが非表示になる

3 レイヤーパネルの「pomegranate」レイヤーの[レイヤーの表示/非表示]❷を Alt キーを押しながらクリックします❶。すべてのレイヤーが表示されます❷。

❶ Alt +クリック

❷すべてのレイヤーが表示される

POINT

一部のレイヤーを非表示にした状態で、 Alt +クリックすると、ほかのレイヤーは非表示になりますが、再度 Alt +クリックすると、すべてが表示されずに、一部非表示の状態に戻ります。

レイヤーを削除する

不要なレイヤーは、レイヤーパネルで削除できます。削除するときは、レイヤーが完全に不要であることを確認してください。

第2章 ▶ 040.psd

1 サンプルファイルを開きます❶。レイヤーパネルで、削除するレイヤー（ここでは「レイヤー2」レイヤー）を選択して❷、[レイヤーを削除]🗑をクリックします❸。

❶開く

「いくつかのテキストレイヤーは、ベクトル方式で出力するために更新が必要になる場合があります。これらのレイヤーを更新しますか？」と表示されたら[更新]をクリック

❷選択

❸クリック

2 ダイアログボックスが表示されたら[はい]をクリックします❶。レイヤーが削除されました❷。

❶クリック

❷削除された

POINT

レイヤーを素早く削除する

レイヤーパネルで、削除するレイヤーを[レイヤーを削除]🗑にドラッグ&ドロップすると、確認ダイアログボックスを表示せずに削除できます。

レイヤーをリンクする

041

レイヤーをリンクすると、複数のレイヤーの画像の位置関係を保持した状態で、移動したり変形したりできます。

第2章 ▶ 041.psd

1 サンプルファイルを開きます❶。レイヤーパネルでリンクするレイヤー（ここでは「レイヤー3」レイヤーと、「pomegranate」レイヤー）を、Shiftキーを押しながらクリックして選択します❷。

❶開く

「いくつかのテキストレイヤーは、ベクトル方式で出力するために更新が必要になる場合があります。これらのレイヤーを更新しますか？」と表示されたら［更新］をクリック

2 レイヤーパネルの［レイヤーをリンク］をクリックします❶。選択したレイヤーがリンクされ、レイヤー名の右側にが表示されます❷。

3 移動ツールを選択します❶。ザクロをドラッグすると❷、リンクしているテキストレイヤーの文字も同時に移動します❸。

POINT

リンクを解除するには、リンクしているレイヤー（どちらかだけでかまわない）を選択して、［レイヤーをリンク］をクリックします。

059

レイヤーをグループ化する

レイヤーをグループ化すると、複数のレイヤーをひとつのレイヤーとして扱えます。表示/非表示の設定や、不透明度の設定などを、グループに対して設定できます。グループ内の個別のレイヤーに対して設定も可能です。

第2章 ▶ 042.psd

1 サンプルファイルを開きます❶。レイヤーパネルでグループ化するレイヤー（ここでは「レイヤー3」レイヤーと、「pomegranate」レイヤー）を、Shiftキーを押しながらクリックして選択します❷。レイヤーパネルの［新規グループを作成］をクリックします❸。選択したレイヤーが「グループ1」グループにまとめられました❹。

❶開く

「いくつかのテキストレイヤーは、ベクトル方式で出力するために更新が必要になる場合があります。これらのレイヤーを更新しますか？」と表示されたら［更新］をクリック

CC（2013年リリースの無印CC）では、新規グループができるだけで、レイヤーがグループに入らないので、ドラッグしてグループに入れる

2 グループは、ひとつのレイヤーと同じように扱えます。たとえば、レイヤーパネルの［レイヤーの表示/非表示］をクリックすると❶、グループ内のレイヤーはすべて非表示になります❷。
グループに対して、レイヤースタイルを適用したり、調整レイヤーを適用することもできます。

❷グループが非表示になった

POINT

グループを展開する

レイヤーパネルのグループの をクリックすると、グループ化されたレイヤーを展開表示できます。

クリック

060　　Macでは、キーは次のようになります。　Ctrl → ⌘　Alt → option　Enter → return

レイヤーを結合する

043

複数のレイヤーをひとつのレイヤーにまとめることができます。編集が終了して、納品するときなどに利用しましょう。

第2章 ▶ 043.psd

1 サンプルファイルを開きます❶。レイヤーパネルで結合するレイヤー（ここでは「グラデーション1」レイヤーと、「レイヤー1」レイヤー）を、Shiftキーを押しながらクリックして選択します❷。

2 レイヤーパネルメニューから［レイヤーを結合］を選択します❶。選択したレイヤーがひとつのレイヤーに結合されます❷。レイヤー名は、結合前の最上位のレイヤー名となります。結合前に適用されていたレイヤーマスクやレイヤースタイルはなくなり、すべて適用した状態の画像レイヤーとなるので、見た目に変化はありません❸。

POINT

結合は最後に行う

レイヤーの結合は、レイヤーマスクやレイヤースタイルなどがなくなり、すべてひとつの画像に結合されます。結合は、制作の最後に行ってください。また、結合する前に、ファイルのコピーを取っておくようにしてください。

POINT

［表示レイヤーを結合］と［画像を統合］

レイヤーパネルメニューの［表示レイヤーを結合］は、表示しているレイヤーを結合します。［画像を統合］は、すべてのレイヤーを［背景］レイヤーに結合します（非表示レイヤーは削除するか、ダイアログボックスで選択）。

レイヤーパネルで特定種類のレイヤーだけを表示する

044

Photoshopでは、複雑な画像制作を行うと、あっという間にレイヤーが増えます。レイヤーパネルでは、作業対象となるレイヤーをすぐに見つけられるようにフィルター機能がついています。

第2章 ▶ 044.psd

1 サンプルファイルを開きます。レイヤーパネルで[フィルターの種類を選択]に[種類]を選択し❶、[ピクセルレイヤー用フィルター]をクリックします❷。レイヤーパネルには、通常の画像レイヤーだけが表示されます❸。再度、[ピクセルレイヤー用フィルター]をクリックして、すべてのレイヤーを表示します❹。

「いくつかのテキストレイヤーは、ベクトル方式で出力するために更新が必要になる場合があります。これらのレイヤーを更新しますか？」と表示されたら[更新]をクリック

2 レイヤーパネルで[テキストレイヤー用フィルター]をクリックします❶。レイヤーパネルには、テキストレイヤーだけが表示されます❷。再度、[テキストレイヤー用フィルター]をクリックして、すべてのレイヤーを表示します❸。
このように、レイヤーの種類でフィルタリングして、レイヤーを絞り込んで表示できます。

3 [フィルターの種類を選択]に[効果]を選択し❶、[ドロップシャドウ]を選択します❷。レイヤーパネルには、[ドロップシャドウ]レイヤー効果を適用したレイヤーが表示されます❸。[フィルターの種類を選択]に[種類]を選択して元に戻します❹。

062　　Macでは、キーは次のようになります。　Ctrl → ⌘　　Alt → option　　Enter → return

レイヤーをほかのファイルにコピーする

045

レイヤーの画像ごと、ほかのファイルにコピーできます。塗りつぶしレイヤーやグラデーションレイヤーもコピーできるので、同じ設定のレイヤーを流用できます。

📥 第2章 ▶ 045-1.psd、045-2.psd

1 サンプルファイル「045-1.psd」を開きます❶。移動ツールを選択します❷。レイヤーパネルで[グラデーション1]レイヤーを選択し❸、Ctrlキーと Cキーを押してコピーします❹。

2 サンプルファイル「045-2.psd」を開きます❶。[背景]レイヤーに画像があります❷。

3 CtrlキーとVキーを押してペーストします❶。[グラデーション1]レイヤーがペーストされました❷。

POINT

[同じ位置にペースト]

元画像と同じ位置にペーストするには、[編集]メニュー→[特殊ペースト]→[同じ位置にペースト]でペーストしてください。キーボードショートカットは、Shift + Ctrl + V です。

レイヤーの不透明度を設定する

Photoshopでは、レイヤーごとに不透明度を設定できます。グラデーションやべた塗りのレイヤーに不透明度を設定して前面に配置することで、画像のイメージを変えることができます。[塗り]との違いも覚えましょう。

第2章 ▶ 046-1.psd、046-2.psd

不透明度の設定

サンプルファイル「046-1.psd」を開きます❶。レイヤーパネルで「グラデーション1」レイヤーを選択し❷、[不透明度]を設定します（ここでは「45％」）❸。レイヤーがグラデーションがかかった半透明になり、背面の画像が透けて見えるようになります❹。

❶開く

❸設定　❷選択

❹背面が透けて見える

塗りの設定

1 サンプルファイル「046-2.psd」を開きます。レイヤーパネルで「レイヤー3」レイヤーを選択し❶、[不透明度]を設定します（ここでは「40％」）❷。レイヤー効果のドロップシャドウを含めてレイヤー全体が半透明になります❸。

「いくつかのテキストレイヤーは、ベクトル方式で出力するために更新が必要になる場合があります。これらのレイヤーを更新しますか？」と表示されたら[更新]をクリック

❷設定　❶選択

❸レイヤー全体が不透明になる

2 [不透明度]を「100％」に戻し❶、[塗り]を設定します（ここでは「40％」）❷。レイヤーのピクセル部分だけが半透明になり、レイヤー効果のドロップシャドウはそのままになります❸。

❶設定　❷設定

❸ピクセル部分だけが不透明になる

複数のファイルをレイヤーに読み込む

047

複数のファイルを使って画像を合成する作業をするには、ファイルをレイヤーに読み込むと便利です。ただし、レイヤーに読み込まれた画像は統合された画像になります。

第2章 ▶ 047-1.psd、047-2.psd

1 ［ファイル］メニュー→［スクリプト］→［ファイルをレイヤーとして読み込み］を選択します❶。

2 ［レイヤーを読み込む］ダイアログボックスが表示されるので、［参照］をクリックします❶。

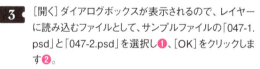

3 ［開く］ダイアログボックスが表示されるので、レイヤーに読み込むファイルとして、サンプルファイルの「047-1.psd」と「047-2.psd」を選択し❶、［OK］をクリックします❷。

4 ［レイヤーを読み込む］ダイアログボックスに戻ったら［OK］をクリックします❶。

5 指定したファイルがレイヤーに読み込まれました❶。ファイルは未保存の「名称未設定」ファイルになります。また、レイヤーに読み込まれた画像は、統合された画像となります。

065

重なったレイヤーの色を合成する

048

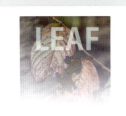

Photoshopでは、重なっているレイヤーに描画モードを設定して、背面の画像との関係で色を合成できます。描画モードはたくさんあるので、必要に応じて選択しましょう。

第2章 ▶ 048.psd

描画モードの設定

1 サンプルファイル「048.psd」を開きます❶。レイヤーパネルで前面の「LEAF」レイヤーと「グラデーション1」レイヤーを選択します❷。

❶開く

❷選択

2 レイヤーパネルの［通常］と表示された部分をクリックし❶、表示されたメニューから描画モード（ここでは［スクリーン］）を選択します❷。選択したレイヤーに描画モードが適用され、重なった場所の色が合成されます❸。

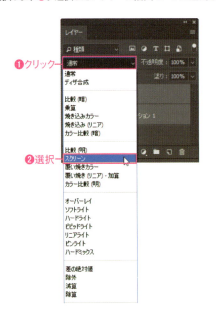
❶クリック
❷選択

❸レイヤーの色が合成された

描画モード一覧

※参考として、サンプルファイル「048.psd」の前面のふたつのレイヤーに適用し表示しています。

通常
レイヤーに対して効果を適用していない

覆い焼きカラー
背面の色を明るくして、前面の色のコントラストを落として反映する

ハードミックス
前面の色の各チャンネル値を、背面の色のチャンネル値に追加する

ディザ合成
不透明度に応じて基本色や合成色でランダムに置き換えられる

覆い焼き（リニア）- 加算
背面の色を明るくして、前面の色に反映する

差の絶対値
背面と前面の色を比較し、明度の高いほうから明度の低いほうを引いた色が生成される

比較（暗）
背面と前面の色を比較して暗い色が生成される

カラー比較（明）
背面と前面のすべてのチャンネル値の合計を比較し、値が高い色にする

除外
「差の絶対値」と同じだが、コントラストが低くなる

乗算
背面の色に前面の色がかけ合わされた色が生成される。全体が暗くなる

オーバーレイ
背面の色によって、乗算にするかスクリーンにするか決まる

減算
背面の色の各チャンネル値から前面の色を減算する

焼き込みカラー
背面の色を暗くして、前面の色のコントラストを強くして反映する

ソフトライト
前面の色が50％のグレーより明るい場合「覆い焼き」、50％グレーより暗い場合、「焼き込み」の色となる

除算
前面の色の明度で背面の色の値を割った色になる

焼き込み（リニア）
背面の色を暗くして、前面の色に反映する

ハードライト
前面の色が50％のグレーより明るい場合「スクリーン」、50％グレーより暗い場合「乗算」の色となる

色相
背面の色の輝度と彩度、前面の色の色相を持つ色が生成される

カラー比較（暗）
背面と前面のすべてのチャンネル値の合計を比較し、値が低い色にする

ビビッドライト
前面の色が50％のグレーより明るい場合はコントラストを落とし明るく、50％グレーより暗い場合はコントラストをあげて暗くする

彩度
背面の色の輝度と色相、前面の色の彩度を持つ色が生成される

比較（明）
背面と前面の色を比較して明るい色が生成される

リニアライト
前面の色が50％のグレーより明るい場合は明るく、50％グレーより暗い場合は暗くする

カラー
背面の色の輝度、前面の色相と彩度を持つ色が生成される

スクリーン
背面と前面の色を反転した色をかけ合わされた色が生成される。全体が明るくなる

ピンライト
前面の色が50％のグレーより明るい場合は前面色、50％グレーより暗い場合はそのままになる

輝度
背面の色の色相と彩度、前面の色の輝度を持つ色が生成される

第2章 レイヤーとアートボード

アートボードを理解する

049

Web制作や、アプリケーションのUIデザインなど、Photoshopの利用場面は増えています。アートボードを使うと、ひとつのファイルで複数のサイズの画像を制作できます。CC 2015以降でサンプルファイルを開いて、アートボードについて確認してください。

第2章 ▶ 049.psd

アートボードとは

PhotoshopではCC 2015以降、ひとつのファイルに複数のサイズの画像を制作するためのアートボード機能が用意されています。

昨今のWebサイトは、PCのWebブラウザーだけでなく、スマートフォンやタブレットといった複数のデバイスで表示することを念頭にデザインする必要があります。

そのため、同じ画像やテキストを使っても、サイズが異なるデザインを行うには、ファイルを分けて作成するよりも、ひとつのファイル内に、複数のサイズの台紙を用意してデザインすることが、ファイル管理の点からも効率的です。

アートボードは、サイズの異なる画像を1ファイルで作成するための台紙機能です。

アートボードは、レイヤーパネルに表示されます。サイズが決まっている特殊なグループと考えるとわかりやすいです。各レイヤーは、アートボードに属するようになります。

複数のアートボードを使った例

サンプルファイルを開き、「いくつかのテキストレイヤーは、ベクトル方式で出力するために更新が必要になる場合があります。これらのレイヤーを更新しますか?」と表示されたら[更新]をクリック

アートボードのあるレイヤーパネル

新規ドキュメントとアートボード

新規ドキュメント作成時に、[アートボード]にチェックが付いていると、指定したサイズのアートボードが作成されます。

アートボードが作成される

068　　Macでは、キーは次のようになります。　Ctrl → ⌘　　Alt → option　　Enter → return

ひとつのファイルに違うサイズのアートボードを作る

050

異なったサイズのアートボードを作成するには、レイヤーパネルメニューから[アートボードを新規作成]を選択してサイズを指定します。

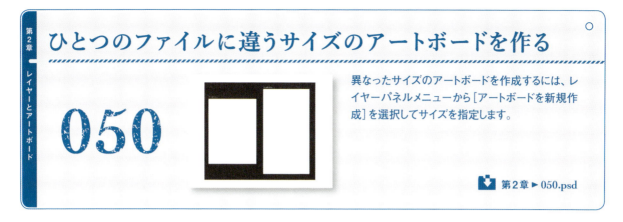

第2章 ▶ 050.psd

1 サンプルファイルを開きます（CC 2015以降で開いてください）❶。レイヤーパネルで、アートボードがひとつあることを確認してください❷。

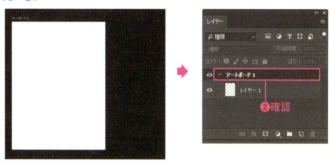

2 レイヤーパネルメニューから[アートボードを新規作成]を選択します❶。[アートボードを新規作成]ダイアログボックスが表示されるので、[名前]に任意の名称を設定し❷、[アートボードをプリセットに設定]から作成するアートボードのサイズのプリセットを選択します（プリセットがないときは[幅]と[高さ]を設定）❸。設定したら[OK]をクリックします❹。

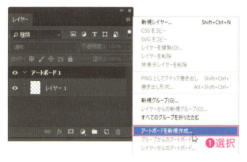
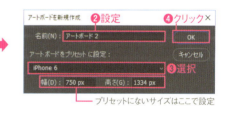

3 新しいアートボードが追加作成されました❶❷。追加されたアートボード内にレイヤーは作成されません。

ひとつのファイルに同じサイズのアートボードを作る

051

アートボードツールを使うと、選択したアートボードと同じサイズのアートボードをワンクリックですぐに作成できます。

第2章 ▶ 051.psd

1 サンプルファイルを開きます（CC2015以降で開いてください）❶。アートボードツール を選択します❷。レイヤーパネルで、「アートボード1」を選択します❸。

❶開く

❷選択

❸選択

「いくつかのテキストレイヤーは、ベクトル方式で出力するために更新が必要になる場合があります。これらのレイヤーを更新しますか？」と表示されたら［更新］をクリック

2 アートボードの上下左右に⊕が表示されます。アートボードを作成したい方向の⊕をクリックすると❶、同じサイズのアートボードが作成されます❷。

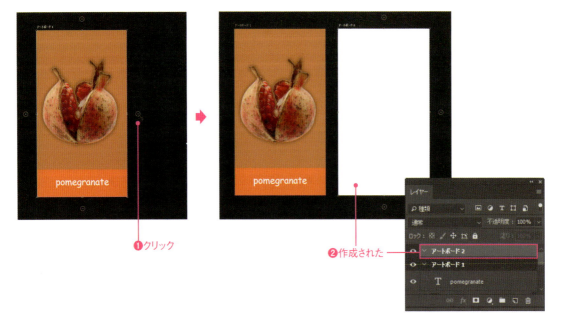

❶クリック

❷作成された

070　　　Macでは、キーは次のようになります。　Ctrl → ⌘　　Alt → option　　Enter → return

アートボードの形状を変更する

052

移動ツールまたはアートボードツールを使うと、アートボードの形状を変更できます。ドラッグして変更することもできます。オプションバーで数値指定することもできます。

第2章 ▶ 052.psd

1 サンプルファイルを開きます（CC 2015以降で開いてください）❶。移動ツール を選択します（アートボードツール でも可）❷。レイヤーパネルで、「アートボード1」を選択します❸。

「いくつかのテキストレイヤーは、ベクトル方式で出力するために更新が必要になる場合があります。これらのレイヤーを更新しますか？」と表示されたら［更新］をクリック

2 画像のアートボードの角と辺の中央にハンドルが表示されます❶。ハンドルをドラッグすると❷、アートボードのサイズを自由に変更できます❸。

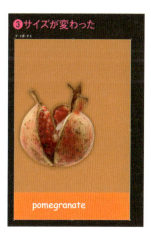

POINT

アートボードツールのオプションバーで設定

アートボードツール を選択し、レイヤーパネルでアートボードを選択すると❶、オプションバーでプリセットの再選択や［幅］［高さ］の設定が可能です❷。

レイヤーの表示状態を保存して呼び出せるようにする

053

レイヤーカンプパネルでは、レイヤーの表示状態を記録して、すぐに呼び出せます。いくつかのバリエーションを作成しているときなどの比較にも利用できます。

第2章 ▶ 053.psd

1 サンプルファイルを開きます❶。

「いくつかのテキストレイヤーは、ベクトル方式で出力するために更新が必要になる場合があります。これらのレイヤーを更新しますか?」と表示されたら[更新]をクリック

❶開く

2 レイヤーカンプパネルを開き、[新規レイヤーカンプを作成]をクリックします❶。[新規レイヤーカンプ]ダイアログボックスが表示されるので、[レイヤーカンプ名]に任意の名称(ここではそのまま「レイヤーカンプ1」)を入力し、❷[OK]をクリックします❸。レイヤーカンプパネルに、「レイヤーカンプ1」が追加されます❹。

❶クリック　❷入力　❸クリック　❹追加された

3 レイヤーパネルを開き、[長方形1]レイヤーの[レイヤーの表示/非表示]をクリックして非表示にします❶❷。

❶クリック　❷長方形が非表示

4 レイヤーカンプパネルを開き、「レイヤーカンプ1」の名称の左側をクリックします❶。画像がレイヤーカンプに登録した状態になります❷。
レイヤーカンプは、レイヤーの表示状態を登録しておけるので、画像のバリエーションを作成する際、比較するのに便利です。

❶クリック　❷登録時の状態に戻った

Macでは、キーは次のようになります。　Ctrl → ⌘　Alt → option　Enter → return

スマートオブジェクトに変換する

第2章 レイヤーとアートボード

054

［フィルター］メニューのコマンドは、画像の見た目を簡単に変えられる優れた機能です。ただし、画像のピクセルを編集するために、そのまま利用すると元の画像が変更されます。スマートオブジェクトに変換すると、元画像を残した状態でフィルターを利用できます。

▼ 第2章 ▶ 054.psd

1 サンプルファイルを開きます❶。レイヤーパネルで［背景］レイヤーを選択し❷、レイヤーパネルメニューから［スマートオブジェクトに変換］を選択します❸。［背景］レイヤーがスマートオブジェクトに変換され、「レイヤー0」レイヤーに変わりました❹。レイヤーサムネールもスマートオブジェクトサムネールに表示が変わります。

❶開く

❷選択

❸選択

❹変換された

2 ［フィルター］メニュー→［ピクセレート］→［ぶれ］を選択します❶。画像に「ぶれ」が適用されました❷。レイヤーパネルには、［スマートフィルター］の［ぶれ］が追加されます❸。

❶選択

❷適用された

❸追加された

3 レイヤーパネルで［スマートフィルター］の［すべてのスマートフィルターの表示/非表示］👁をクリックします❶。［ぶれ］の適用がなくなり元の画像に戻ります❷。スマートオブジェクトに変換すると、多くのフィルターを適用するかしないかをあとから編集できるようになります。

❶クリック

❷［ぶれ］の適用がなくなる

スマートオブジェクトを編集する

055

スマートオブジェクトに変換したレイヤーの画像は、ファイル内に元の状態のまま保持されています。レイヤーサムネイルをダブルクリックすると、呼び出して、内容を編集できます。

第2章 ▶ 055.psd

1 サンプルファイルを開きます❶。このファイルは、スマートオブジェクトに変換した「レイヤー0」レイヤーに、フィルターが適用されています。レイヤーパネルで、「レイヤー0」レイヤーのスマートオブジェクトサムネイルをダブルクリックします❷。

ダイアログボックスが表示されたら [OK] をクリック

❶開く

❷ダブルクリック

2 スマートオブジェクトの元画像が「レイヤー0.psb」という名称で開きます❶。

❶開く

3 「レイヤー0.psb」のレイヤーパネルで [塗りつぶしまたは調整レイヤーを新規作成] をクリックして表示されたメニューから [白黒] 調整レイヤーを選択して適用します❶❷。適用したら、Ctrl キーと S キーを押して保存し❸、「レイヤー0.psb」を閉じます❹。

❶適用

❷白黒になった
❸ Ctrl + S キーで保存
❹閉じる

4 スマートオブジェクト「レイヤー0」レイヤーの元画像が白黒になったので、サンプルファイルも白黒になります❶。「レイヤー0」のスマートオブジェクトサムネイルも白黒になります❷。このように、スマートオブジェクトに変換したレイヤーの画像は、元画像を表示して編集できます。

❶サンプルファイルも白黒になった

❷白黒になった

Macでは、キーは次のようになります。 Ctrl → ⌘   Alt → option   Enter → return

色調補正

Photoshopには画像の色を変更する機能がたくさん備わっています。同じ目的でも異なる機能を使って実現できます。また、ほとんどの色調補正は、元画像を保持できる調整レイヤーによる非破壊編集が可能です。本章では、色調補正について解説します。

第3章

［イメージ］メニューと調整レイヤーの違いを理解する

056

色調補正は、［イメージ］メニュー→［色調補正］の各種コマンドか、調整レイヤーの色調補正を使います。実際に操作して、ふたつの違いを覚えましょう。

第3章 ▶ 056.psd

色調を補正するには、［イメージ］メニュー→［色調補正］の各種コマンドを使うか、レイヤーパネルの［調整レイヤー］（［レイヤー］メニュー→［新規調整レイヤー］の各種コマンド）を使います。どちらもコマンドの種類はほぼ共通しており、設定項目等の内容も同じです。

しかし、両者には大きな違いがあります。［イメージ］メニューの［色調補正］では、元画像そのもののピクセルの色の値を変更します。そのため、複雑な画像編集を進めたあとに、元画像の色に戻したいと思ってもできません。

［調整レイヤー］の色調補正は、元画像は変更せずに、色調補正する情報だけを付加して見た目だけを変更します。さらに、あとから設定を調節したり、補正を無効にしたり、補正範囲を限定することもできます。元画像を保持した状態で作業することを非破壊編集といいます。

色調補正時に、［イメージ］メニューと［調整レイヤー］に共通したコマンドがある場合、［調整レイヤー］を使うことをお勧めします。

［イメージ］メニューの色調補正のコマンド

［調整レイヤー］の色調補正のコマンド

「べた塗り」「グラデーション」「パターン」は、それぞれ選択した内容で塗りつぶすレイヤーを作成する

---

1 サンプルファイルを開きます❶。レイヤーパネルで、「レイヤー3」レイヤーを選択し❷、［イメージ］メニュー→［色調補正］→［ポスタリゼーション］を選択します❸。［ポスタリゼーション］ダイアログボックスが表示されるので、そのまま［OK］をクリックします❹。選択した「レイヤー3」レイヤーの画像にポスタリゼーションが適用されました❺。設定値を変更したり、適用をやめるには、直後に取り消しすることはできますが、作業を進めてしまった場合、このレイヤーに適用した作業だけを元に戻すのは困難になります。Ctrl キーと Z キーを押して元に戻します❻。

❶開く

076　　Macでは、キーは次のようになります。　Ctrl → ⌘　　Alt → option　　Enter → return

2 画像を元に戻したら、レイヤーパネルで、「レイヤー3」レイヤーを選択し①、[塗りつぶしまたは調整レイヤーを新規作成]❷をクリックし②、表示されたメニューから[ポスタリゼーション]を選択します③。画像にポスタリゼーションが適用されました④。レイヤーパネルには、「レイヤー3」レイヤーの前面に「ポスタリゼーション1」調整レイヤーが作成され、選択した状態になります⑤。調整レイヤーの補正は、選択したレイヤーから下のすべてのレイヤーに適用されます。

3 レイヤーパネルで調整レイヤーを選択すると、属性パネルで設定を変更できます（任意の数値に変更してみてください）①。設定を変えると画像に適用されます②。何度でもやり直しできます。また、❷をマウスボタンを押している間は、直前の設定が表示でき比較できます③。❷をクリックすると初期設定に戻せます④。

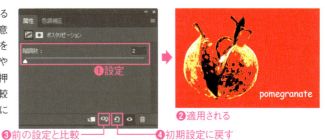

4 属性パネルの❷をクリックすると①、調整レイヤーの設定が直下のレイヤーだけに適用されます②。これをクリッピングといいます。調整レイヤーがクリッピングされると、レイヤーパネルに❷が表示されます③。

5 レイヤーパネルで、調整レイヤーの[レイヤーの表示/非表示]❷をクリックすると①、調整レイヤーが非表示になり補正もされなくなります②。再度クリックすれば、元に戻り適用できます。
このように、調整レイヤーを使えば、元画像を残しながら、適用をやめたり、設定変更したりが、いつでもできます。

第3章 色調補正

カラー値とチャンネルを理解する

057

画像は小さなピクセル（画素）が集まってできており、すべてのピクセルがカラー値を持っています。ここでは、カラー値とチャンネルについて解説します。サンプルファイルを開いて確認してください。

第3章 ▶ 057.psd

カラー値

RGBモードの画像は、画像内のピクセルはR（レッド）、G（グリーン）、B（ブルー）の値を持っています。RGBの各色は、0～255までの256階調で表現されます。「R=200 G=57 B=53」なら、右のカラーパネルの赤い色になります。Photoshopで扱うピクセル画像は、それぞれのピクセルがカラー値を持っています。
なお、CMYKモードの画像は、C（シアン）、M（マゼンタ）、Y（イエロー）、K（ブラック）の値を持ち、それぞれの色は0～100で表現されます。

RGBモードでは、色はRGBを組み合わせたカラー値で表現される

チャンネルとチャンネルパネル

RGBモードの画像を例にします。画像は通常、カラーで表示されていますが、チャンネルパネルを使うと、RGBの各色だけを表示することもできます。
チャンネルパネルで、［RGB］チャンネルが表示されている状態では、画像はカラーで表示されます。チャンネルパネルの表示・非表示は、レイヤーパネルと同様に👁をクリックして操作できます。
［レッド］チャンネルだけを表示すると、画像はグレースケール画像となります。
この画像は、ブラックからホワイトまでの256階調のグレースケールで、RGB画像内の各ピクセルのカラー値の「R」の値によって各ピクセルの色が表示されています。
「R=0」のピクセルはブラックとなり、「R=255」のピクセルはホワイトとなります。1～254は明るさの異なるグレーで表示されます。数値が小さいほど暗く、大きいほど明るくなります。
また、［レッド］チャンネルの色だけを明るくすれば、画像全体は赤みが強くなります。
色調補正は、画像内のピクセルのカラー値を変更して、「明るくする」「暗くする」「全体を赤くする」などを調節します。

［RGB］チャンネルが表示されていると、画像はカラーで表示される

［レッド］チャンネルだけを表示。レッドのカラー値だけがグレースケールで表示される

［ブルー］チャンネルを表示。ブルーのカラー値だけがグレースケールで表示される

［グリーン］チャンネルを表示。グリーンのカラー値だけがグレースケールで表示される

Macでは、キーは次のようになります。　Ctrl → ⌘　　Alt → option　　Enter → return

第3章 色調補正

058 ヒストグラムを理解する

チャンネルと同様に知っておきたいのがヒストグラムで、画像内のピクセルが、明るさのレベル別にどのぐらいの数で分布しているかを表示したものです。サンプルファイルを開いて確認してください。

📥 第3章 ▶ 058-1.psd、058-2.psd

ヒストグラムは、画像内のピクセルが、明るさのレベル別にどのぐらいの数で分布しているかを表示したもので、ヒストグラムパネルで表示できます❶。左側が暗いピクセル、右側が明るいピクセルとなります。RGB画像なら、一番左はカラー値が「0」のピクセルで、一番右はカラー値が「255」のピクセルとなります。

パネルメニューから[全チャンネル表示]を選択すれば、RGB画像なら「レッド」「グリーン」「ブルー」のそれぞれのヒストグラムと、すべてのカラーを重ね合わせたヒストグラムを表示できます❷。また、一番上のヒストグラムは、[チャンネル]の設定で、表示を変更できます。「RGB」を選択するとRGBの合成カラー、「カラー」を選択するとRGBの各色が重なって表示できます。

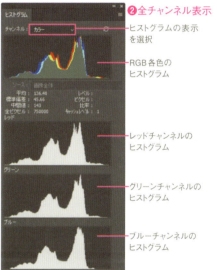

❷全チャンネル表示
・ヒストグラムの表示を選択
・RGB各色のヒストグラム
・レッドチャンネルのヒストグラム
・グリーンチャンネルのヒストグラム
・ブルーチャンネルのヒストグラム

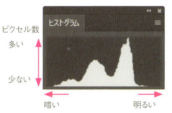

❶ヒストグラム
ヒストグラムは、ピクセルの明るさごとの数を表示できる。初期表示状態はRGB

「058-1.psd」

ヒストグラムでは、左側が暗いピクセル、右側が明るいピクセルの数を表すので、明るい画像は、明るいピクセルが多いので右側に偏り、暗い画像は左に偏ります。

「058-2.psd」❸では、影の部分が多いため、ヒストグラムは全体的に左寄りになっています。

明るい画像であれば、ヒストグラムは全体的に右に寄ります。

❸全体が暗い画像

079

明るさを[明るさ・コントラスト]で調整する

059

画像の明るさを[明るさ・コントラスト]調整レイヤーを使って調整しましょう。明るさのもっとも基本的な調整方法です。

📥 第3章 ▶ 059.psd

1 サンプルファイルを開きます❶。レイヤーパネルで、[塗りつぶしまたは調整レイヤーを新規作成]をクリックし❷、表示されたメニューから[明るさ・コントラスト]を選択します❸。

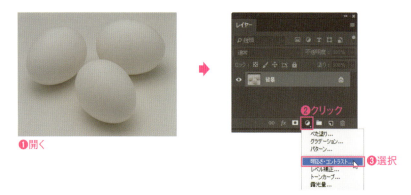

❶開く　❷クリック　❸選択

2 レイヤーパネルに「明るさ・コントラスト1」調整レイヤーが作成され、選択された状態になります❶。属性パネルを開き、[明るさ]をプラス値に設定します(数値は任意)❷。画像が明るくなります❸。

❶作成され選択される　❷設定　❸明るくなった

3 [明るさ]を、マイナス値に設定します(数値は任意)❶。画像が暗くなります❷。レイヤーパネルで[明るさ・コントラスト1]の調整レイヤーを選択して属性パネルの[明るさ]を調節すれば、画像の明るさはいつでも何度でも調整できます。

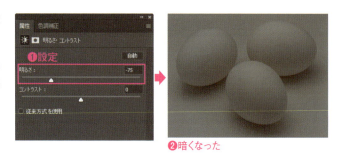

❶設定　❷暗くなった

080　Macでは、キーは次のようになります。 Ctrl → ⌘　Alt → option　Enter → return

明るさを［レベル補正］で調整する

060

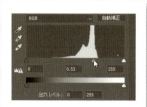

画像の明るさは［レベル補正］調整レイヤーを使っても調整できます。中間値のスライダーを調節するのがポイントです。

📥 第3章 ▶ 060.psd

1 サンプルファイルを開きます❶。レイヤーパネルで、［塗りつぶしまたは調整レイヤーを新規作成］をクリックし❷、表示されたメニューから［レベル補正］を選択します❸。

❶開く

❷クリック
❸選択

2 レイヤーパネルに「レベル補正1」調整レイヤーが作成され、選択された状態になります❶。属性パネルを開き、ヒストグラム下の中間調のスライダーをヒストグラムの山の左側になるように設定します（設定は任意）❷。画像のピクセルが中間調よりも明るくなるように補正されます❸。

❶作成され選択される

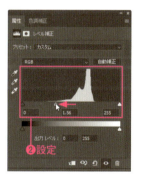
❷設定

❸明るくなった

3 今度は、ヒストグラム下の中間調のスライダーをヒストグラムの山の右側になるように設定します（設定は任意）❶。画像のピクセルが中間調よりも暗くなるように補正されます❷。

ヒストグラムについては、をP.086の「レベル補正の設定」を参照

❶設定

❷暗くなった

明るさを[トーンカーブ]で調整する

061

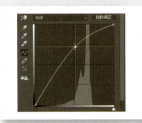

画像の明るさは[トーンカーブ]調整レイヤーを使って調整できます。45°線に対して、上側にカーブを作ると明るく、下側にカーブを作ると暗くなります。

第3章 ▶ 061.psd

1 サンプルファイルを開きます❶。レイヤーパネルで、[塗りつぶしまたは調整レイヤーを新規作成]❷をクリックし❷、表示されたメニューから[トーンカーブ]を選択します❸。レイヤーパネルに「トーンカーブ1」調整レイヤーが作成され、選択した状態になります❹。

❶開く

❷クリック
❸選択

❹作成され選択される

2 属性パネルを開き、トーンカーブの中央部をクリックしてポイントを作成し❶、上にドラッグします(設定は任意)❷。画像が明るくなります❸。45°線よりも下にドラッグすると、全体が暗くなります。

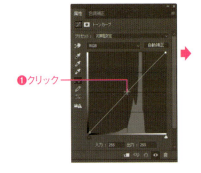
❶クリック

❷ドラッグ

❸明るくなった

POINT

トーンカーブ

[トーンカーブ]の属性パネルには、中央にヒストグラムとトーンカーブ(初期状態は45°の直線)が表示されます。トーンカーブは、調整前の元画像の明るさのレベルを、調整後にどの明るさにするかを結んだ線です。X軸が調整前のレベル(左がシャドウ、右がハイライト)、Y軸が調整後(下がシャドウ、上がハイライト)になります。トーンカーブは、初期状態の45°線よりも上にある部分では元画像より明るくなり、下にある部分では元画像より暗くなります。

画像の明るさを調整する線がトーンカーブ

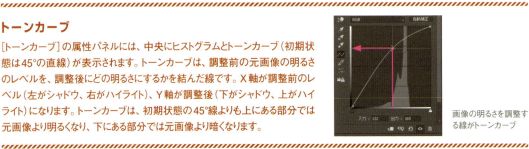

明るさを［露光量］で調整する

062

画像の明るさは［露光量］調整レイヤーを使って調整できます。わずかな調整でも色調が大きく変わるので、画像が暗いときには最初に調整に使いたい機能です。

第3章 ▶ 062.psd

1 サンプルファイルを開きます❶。レイヤーパネルで、［塗りつぶしまたは調整レイヤーを新規作成］をクリックし❷、表示されたメニューから［露光量］を選択します❸。

❶開く

❷クリック
❸選択

2 レイヤーパネルに「露光量1」調整レイヤーが作成され、選択された状態になります❶。属性パネルを開き、［露光量］の値をプラス値に設定します（数値は任意）❷。画像が明るくなります❸。

❶作成され選択される

❷設定

❸明るくなった

3 今度は［露光量］の値をマイナス値に設定します（数値は任意）❶。画像が暗くなります❷。

❶設定

❷暗くなった

POINT

［露光量］の設定

露光量： ハイライトの色調を調整します。右に行くほど明るくなります。

オフセット： シャドウと中間調を調整します。右に行くほど明るくなります。

ガンマ： 中間調を調整します。左に行くほど明るくなります。

083

暗い部分を明るく、明るい部分を暗くする

第3章 色調補正

063

[イメージ]メニュー→[色調補正]→[シャドウ・ハイライト]は、暗い部分を明るく、明るい部分を暗くする便利な機能です。そのままだと非破壊編集でなくなるので、対象のレイヤーをスマートオブジェクトに変換してから適用してください。

第3章 ▶ 063.psd

1 サンプルファイルを開きます❶。レイヤーパネルで、[背景]レイヤーを選択し❷、レイヤーパネルメニューから[スマートオブジェクトに変換]を選択します❸。スマートオブジェクトに変換され「レイヤー0」レイヤーに変わり、スマートオブジェクトサムネールが表示されます❹。

2 [イメージ]メニュー→[色調補正]→[シャドウ・ハイライト]を選択します❶。[シャドウ・ハイライト]ダイアログボックスが表示されるので、[シャドウ]を調整して暗部が明るく見えるように調整します（数値は任意）❷。同様に[ハイライト]を調整してハイライト部分の明るさを抑えるように調整します（数値は任意）❸。調整したら[OK]をクリックします❹。画像の暗い部分が明るく、明るい部分が暗くなりました❺。スマートオブジェクトに変換したので、レイヤーパネルに[シャドウ・ハイライト]が表示され❻、ダブルクリックすれば設定を変更できます。

084　Macでは、キーは次のようになります。 Ctrl → ⌘　Alt → option　Enter → return

コントラストを［明るさ・コントラスト］で調整する

064

画像のコントラスト（明暗の差）を［明るさ・コントラスト］調整レイヤーを使って調整しましょう。ここでは、明るさを調整せずに、コントラストだけを調整します。

第3章 ▶ 064.psd

1 サンプルファイルを開きます❶。レイヤーパネルで、［塗りつぶしまたは調整レイヤーを新規作成］をクリックし❷、表示されたメニューから［明るさ・コントラスト］を選択します❸。

❶開く

❷クリック
❸選択

2 レイヤーパネルに「明るさ・コントラスト1」調整レイヤーが作成され、選択された状態になります❶。属性パネルを開き、［コントラスト］をプラス値に設定します（数値は任意）❷。画像の明暗差がはっきりします❸。

❶作成され選択される

❷設定

❸明暗差がはっきりした

3 ［コントラスト］を、マイナス値に設定します（数値は任意）❶。画像が明暗差が小さくなり、全体にぼやけた感じになります❷。

❶設定

❷明暗差が小さくなった

コントラストを[レベル補正]で高くする

065

[レベル補正]を使ってコントラストを高くするには、シャドウとハイライトをヒストグラムの両端に近づけるように調整します。

📥 第3章 ▶ 065.psd

1 サンプルファイルを開きます❶。レイヤーパネルで、[塗りつぶしまたは調整レイヤーを新規作成]❷をクリックし❷、表示されたメニューから[レベル補正]を選択します❸。

❶開く

❷クリック
❸選択

2 レイヤーパネルに「レベル補正1」調整レイヤーが作成され、選択された状態になります❶。属性パネルを開き、ヒストグラム下のシャドウのスライダーがヒストグラムの山の左端になるようにドラッグし❷、ハイライトのスライダーがヒストグラムの山の右端になるようにドラッグします❸。画像のピクセルがシャドウからハイライトまで広がるので、明暗差がはっきりします❹。必要に応じて、中間調のスライダーをドラッグして明るさを調整してください。

❶作成され選択される

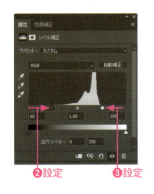

❷設定　❸設定

❹明暗差がはっきりした

POINT

レベル補正の設定

属性パネルの中央にはヒストグラムが表示されます。ヒストグラムは、左側がシャドウ(黒点:もっとも暗い点でレベル0)、右側がハイライト(白点:もっとも明るい点でレベル255)となります。ヒストグラムの下には、左から「シャドウ」「中間調」「ハイライト」の3つのスライダーがあり、ドラッグして色調を調整します。
「シャドウ」「ハイライト」のスライダーは、出力レベルの「シャドウ」「ハイライト」に対応しています。たとえば、「シャドウ」スライダーを右側に動かすと、ヒストグラムで「シャドウ」スライダーより左側にあるピクセルがすべて、出力レベル「シャドウ」のレベルで出力されて暗い部分が増えます。

[シャドウ]と[ハイライト]のスライダーは、出力レベルの[シャドウ]と[ハイライト]に対応

コントラストを［トーンカーブ］で調整する

066

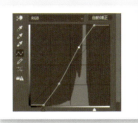

［トーンカーブ］を使ってコントラストを高くするには、シャドウとハイライトをヒストグラムの両端に近づけるように調整します。必要に応じて、中間調のポイントを調整してください。

第3章 ▶ 066.psd

1 サンプルファイルを開きます❶。レイヤーパネルで、［塗りつぶしまたは調整レイヤーを新規作成］をクリックし❷、表示されたメニューから［トーンカーブ］を選択します❸。レイヤーパネルに「トーンカーブ1」調整レイヤーが作成され、選択した状態になります❹。

❶開く

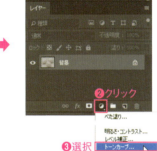
❷クリック
❸選択

❹作成され選択される

2 属性パネルを開き、トーンカーブの左下のポイントをヒストグラムの左端の近くにドラッグします❶。同様にトーンカーブの右上のポイントをヒストグラムの右端の近くにドラッグします❷。画像の明暗差がはっきりします❸。

❶ドラッグ

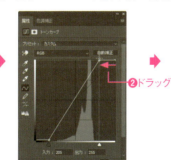
❷ドラッグ

❸明暗差がはっきりした

3 必要に応じて、中間のポイントを作成して、トーンカーブを調整します❶❷。

トーンカーブについては、をP.082 の「トーンカーブ」を参照

❶ポイントを作成して調整

❷調整結果

087

彩度を［自然な彩度］で調整する

067

［自然な彩度］調整レイヤーを利用して、画像の彩度を調整します。属性パネルの［自然な彩度］で調整し、不足する場合は［彩度］で微調整するとよいでしょう。

 第3章 ▶ 067.psd

1 サンプルファイルを開きます❶。レイヤーパネルで、［塗りつぶしまたは調整レイヤーを新規作成］をクリックし❷、表示されたメニューから［自然な彩度］を選択します❸。レイヤーパネルに「自然な彩度1」調整レイヤーが作成され、選択された状態になります❹。

❶開く　❷クリック　❸選択　❹作成され選択される

2 属性パネルを開き、［自然な彩度］または［彩度］で調整します❶。プラス値を設定すると彩度が上がり、マイナス値を設定すると彩度が下がり全体がグレー調になります。画像の彩度が調整されます❷。

❶設定

❷調整された

POINT

自然な彩度と彩度

［彩度］は、画像内のカラーの彩度を一律に調整します。［自然な彩度］は、彩度を高く調整した際に、彩度のもっとも高い色を抑えながら彩度の低い色を調整するためバランスのよい調整が可能になります。

彩度を［特定色域の選択］で調整する

068

［特定色域の選択］調整レイヤーを利用すると、画像の特定色の色を強めたり弱めたりして、彩度を調整できます。

第3章 ▶ 068.psd

1 サンプルファイルを開きます❶。レイヤーパネルで、「レイヤー1」レイヤーのレイヤーマスクサムネールを Ctrl キーを押しながらクリックし❷、花の部分の選択範囲を作成します❸。なお、ここでは作例操作のためにレイヤーマスクから選択範囲を作成していますが、通常の作業では選択ツール等で選択範囲を作成します。選択範囲を作成したら「レイヤー1」レイヤーは不要なので、レイヤーパネルで「レイヤー1」レイヤーを［レイヤーを削除］にドラッグして削除します❹。

❶開く

❷ Ctrl ＋クリック

❸選択範囲が作成された

❹ドラッグ

2 レイヤーパネルで、［塗りつぶしまたは調整レイヤーを新規作成］をクリックし❶、表示されたメニューから［特定色域の選択］を選択します❷。レイヤーパネルに「特定色域の選択1」調整レイヤーが選択範囲のレイヤーマスクとともに作成され、選択された状態になります❸。

❶クリック
❷選択

❸作成され選択される

3 属性パネルを開きます。ここでは花の赤の彩度を上げるので、［カラー］で「レッド系」を選びます❶。これで、画像内のレッド系が補正対象となります。［相対的］を選択して❷、［マゼンタ］と［イエロー］を「50」に、［ブラック］を「5」に設定します❸。プラス値にすると指定した色が強くなり、マイナス値を設定すると補色が強くなります。画像の赤が鮮やかになります❹。

❶選択
❷選択
❸設定

❹赤が鮮やかになった

POINT

相対値と絶対値

［相対値］を選択した場合、カラー値が50%のピクセルに10%追加すると、50%の10%である5%が追加され55%になります。

［絶対値］を選択選択した場合、カラー値が50%のピクセルに10%追加すると、10%追加され60%になります。

特定の系統の色を［色相・彩度］で変える

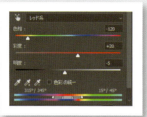

［色相・彩度］調整レイヤーを使うと、色相や彩度を調整して特定の系統の色をほかの色に変更できます。ここでは花びらの赤を青く変更してみましょう。

第3章 ▶ 069.psd

1 サンプルファイルを開きます❶。レイヤーパネルで、「レイヤー 1」レイヤーのレイヤーマスクサムネールを Ctrl キーを押しながらクリックし❷、花の部分の選択範囲を作成します❸。なお、ここでは作例操作のためにレイヤーマスクから選択範囲を作成していますが、通常の作業では選択ツール等で選択範囲を作成します。選択範囲を作成したら「レイヤー 1」レイヤーは不要なので、レイヤーパネルで「レイヤー 1」レイヤーを［レイヤーを削除］にドラッグして削除します❹。

❶開く

❷ Ctrl ＋クリック

❸選択範囲が作成された

❹ドラッグ

2 レイヤーパネルで、［塗りつぶしまたは調整レイヤーを新規作成］をクリックし❶、表示されたメニューから［色相・彩度］を選択します❷。レイヤーパネルに「色相・彩度 1」調整レイヤーが選択範囲のレイヤーマスクとともに作成され、選択された状態になります❸。

❶クリック
❷選択

❸作成され選択される

3 属性パネルを開きます。花の赤を青系に変えます。［カラー］で「レッド系」を選びます❶。これで、画像内のレッド系が補正対象となります。［色相］［彩度］［明度］を調整して色を変更します（ここでは［色相］を「-120」、［彩度］を「＋20」、［明度］を「-5」に設定）❷。花の色が青に変わりました❸。

❶選択
❷設定

❸赤が青に変わった

第3章 色調補正

070 特定の系統の色を［特定色域の選択］で変える

［特定色域の選択］調整レイヤーを使うと、指定した系統の色に「シアン」「マゼンタ」「イエロー」「ブラック」の要素を増減することで、特定の系統の色をほかの色に変更できます。ここでは花びらの赤を青く変更してみましょう。

📥 第3章 ▶ 070.psd

1 サンプルファイルを開きます❶。レイヤーパネルで、「レイヤー1」レイヤーのレイヤーマスクサムネールを Ctrl キーを押しながらクリックし❷、花の部分の選択範囲を作成します❸。なお、ここでは作例操作のためにレイヤーマスクから選択範囲を作成していますが、通常の作業では選択ツール等で選択範囲を作成します。選択範囲を作成したら「レイヤー1」レイヤーは不要なので、レイヤーパネルで「レイヤー1」レイヤーを［レイヤーを削除］🗑にドラッグして削除します❹。

2 レイヤーパネルで、［塗りつぶしまたは調整レイヤーを新規作成］をクリックし❶、表示されたメニューから［特定色域の選択］を選択します❷。レイヤーパネルに「特定色域の選択1」調整レイヤーが選択範囲のレイヤーマスクとともに作成され、選択された状態になります❸。

3 属性パネルを開きます。ここでは花の色を変えるので、［カラー］で「レッド系」を選びます❶。［絶対的］を選択して❷、［シアン］を「80」、［イエロー］を「-90」に設定します❸。プラス値にすると指定した色が強くなり、マイナス値を設定すると補色が強くなります。花の赤が紫に変わりました❹。続いて、［カラー］で「中間色系」を選びます❺。［シアン］を「40」、［イエロー］を「-20」に設定します❻。花の色が青に変わりました❼。

［相対値］［絶対値］に関しては、P.089を参照

091

071 特定の系統の色を[チャンネルミキサー]で変える

チャンネルミキサーは、画像の各ピクセルのカラー値を、ほかのチャンネルに増減することで画像のカラーを変えます。色を変更しても比較的エッジが目立たないのがメリットです。

第3章 ▶ 071.psd

1 サンプルファイルを開きます❶。レイヤーパネルで、「レイヤー1」レイヤーのレイヤーマスクサムネールを[Ctrl]キーを押しながらクリックし❷、花の部分の選択範囲を作成します❸。なお、ここでは作例操作のためにレイヤーマスクから選択範囲を作成していますが、通常の作業では選択ツール等で選択範囲を作成します。選択範囲を作成したら「レイヤー1」レイヤーは不要なので、レイヤーパネルで「レイヤー1」レイヤーを[レイヤーを削除]にドラッグして削除します❹。

❶開く

❷[Ctrl]+クリック
❸選択範囲が作成された

❹ドラッグ

2 レイヤーパネルで、[塗りつぶしまたは調整レイヤーを新規作成]をクリックし❶、表示されたメニューから[チャンネルミキサー]を選択します❷。レイヤーパネルに「チャンネルミキサー1」調整レイヤーが選択範囲のレイヤーマスクとともに作成され、選択された状態になります❸。

❶クリック
❷選択

❸作成され選択される

3 属性パネルを開きます。花の赤を青系に変えていきます。[出力先チャンネル]で「レッド」を選びます❶。[レッド]を「0」、[グリーン]を「0」、[ブルー]を「70」に設定します❷。レッドチャンネルにブルーのカラー値が追加されたので、全体が青くなりました❸。

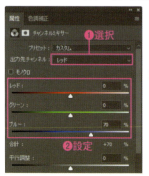
❶選択
❷設定

❸全体が青くなる

POINT

チャンネルミキサーでは、[出力先チャンネル]に設定したカラーを、ほかのカラーに対して設定した値だけ増減して色を調整します(次ページのPOINTを参照)。

[平行調整]スライダーを使うと、出力チャンネルのグレースケール値を調整できます。プラス値を指定すると出力チャンネルの色が強くなり、マイナス値を指定すると出力チャンネルの補色が強くなります。

[モノクロ]にチェックを付けるとグレースケールとなり、各チャンネルの割合で色調を調節できます。

4 続いて［出力先チャンネル］で「グリーン」を選びます❶。［レッド］を「0」、［グリーン］を「50」、［ブルー］を「20」に設定します❷。グリーンチャンネルに、グリーンとブルーのカラー値が追加されたので、全体が暗くなりました❸。

❸全体が暗くなる

5 ［出力先チャンネル］で「ブルー」を選びます❶。［レッド］を「70」、［グリーン］を「0」、［ブルー］を「70」に設定します❷。ブルーチャンネルに、レッドのカラー値が追加されたので、全体が青くなりました❸。

❸全体が青くなる

POINT

チャンネルミキサーとチャンネル

チャンネルミキサーでは、［出力チャンネル］で指定したチャンネルだけ、色を増減します。［出力先チャンネル］に［レッド］を選択し、［ブルー］を「+50」にすると、元画像のブルーチャンネルの各ピクセルのブルーのカラー値の50％が、レッドチャンネルに追加されます。

たとえば、「R=80、G=100、B=120」のピクセルなら、「B=120」の50％である「60」がRに増加され、「R=140、G=100、B=120」となります。レッドチャンネルの各ピクセルは、ブルーチャンネルの分増加するので、画像は赤みが強くなります。

「ブルー」を「-50」にすると、元画像のレッドチャンネルの各ピクセルは、ブルーチャンネルのカラー値の50％が、レッドチャンネルから削除されます。レッドチャンネルは、50％に減少するので、画像はレッドの補色であるシアン色が強くなります。

「レッド」の補色は「シアン」、「グリーン」の補色は「マゼンタ」、「ブルー」の補色は「イエロー」です。

色かぶりを[カラーバランス]で調整する

第3章 色調補正

072

特定の色に偏ってしまった「色かぶり」を[カラーバランス]調整レイヤーを使って調整しましょう。[カラーバランス]調整レイヤーは、選択した階調全体の色味を変更します。

第3章 ▶ 072.psd

1 サンプルファイルを開きます❶。レイヤーパネルで、[塗りつぶしまたは調整レイヤーを新規作成]❷をクリックし❷、表示されたメニューから[カラーバランス]を選択します❸。レイヤーパネルに「カラーバランス1」調整レイヤーが作成され、選択された状態になります❹。

2 属性パネルを開き、色を補正する[階調]を選択します(ここでは[シャドウ]を選択)❶。選択した階調に対して、[シアン/レッド][マゼンタ/グリーン][イエロー/ブルー]の各色を調整して色を補正します❷❸。ここでは、シャドウ部分に少しだけ赤みがかかるように[シアン/レッド]を「22」、[マゼンタ/グリーン]を「-15」、[イエロー/ブルー]を「-11」に設定しています。

POINT

輝度を保持

[輝度を保持]オプションにチェックを付けると、色の補正時に画像の輝度が保持されます。

094　Macでは、キーは次のようになります。　Ctrl → ⌘　Alt → option　Enter → return

色味を［レンズフィルター］で変える

073

［レンズフィルター］は、レンズにカラーフィルターをつけて撮影した画像のように補正します。ここでは柱時計の画像をさらにレトロ調に変えてみましょう。

第3章 ▶ 073.psd

1 サンプルファイルを開きます❶。レイヤーパネルで、［塗りつぶしまたは調整レイヤーを新規作成］をクリックし❷、表示されたメニューから［レンズフィルター］を選択します❸。レイヤーパネルに「レンズフィルター1」調整レイヤーが作成され、選択された状態になります❹。

2 属性パネルを開き、フィルターの種類を選択します（ここでは［フィルター暖色系（85）］を選択）❶。選択したフィルターに対して、［適用量］で適用量を設定します❷。数値が大きいほど適用量が大きくなります❸。

3 ［輝度を保持］のチェックを外します❶。輝度を保持せずにフィルターがかかるため、画像全体が暗くなります❷。

白黒画像に変える

074

[白黒]調整レイヤーを使うと、カラー画像をグレースケールの白黒画像に変換できます。元のカラー値を元に調整したり、色を付けてセピア調にすることも可能です。
[2階調化]フィルターを使うと、白黒2値の画像に変換できます。

第3章 ▶ 074.psd

1 サンプルファイルを開きます❶。レイヤーパネルで、[塗りつぶしまたは調整レイヤーを新規作成]をクリックし❷、表示されたメニューから[白黒]を選択します❸。

❶開く　❷クリック　❸選択

2 レイヤーパネルに「白黒1」調整レイヤーが作成され、選択された状態になります❶。画像もグレースケールに変換されます❷。

❶作成され選択される　❷変換された

3 デフォルト値でも問題ないのですが、ここでは属性パネルで[自動補正]をクリックします❶。各色系の設定が自動調整され❷、より自然なグレースケール画像に補正されます❸。

❶クリック　❷設定値が変わった　❸補正された

096　Macでは、キーは次のようになります。　Ctrl → ⌘　Alt → option　Enter → return

4 属性パネルで[着色]にチェックを付けます❶。右側のカラーボックスのカラーが適用され、セピア調の画像に変わります❷。

❷セピア調に変わった

POINT

色を変更する

カラーボックスをクリックすると、[カラーピッカー(着色カラー)]ダイアログボックスが表示され、色を設定できます。

5 レイヤーパネルで、「白黒1」調整レイヤーの[レイヤーの表示/非表示]をクリックして非表示にします❶。[背景]レイヤーを選択して❷、[塗りつぶしまたは調整レイヤーを新規作成]をクリックし❸、表示されたメニューから[2階調化]を選択します❹。レイヤーパネルに「2階調化1」調整レイヤーが作成され、選択された状態になります❺。画像が2階調化されます❻。

❺作成され選択される　❻2階調化した

6 属性パネルで[しきい値]を設定します(ここでは「100」に設定)❶。しきい値を境にして、明るいピクセルがホワイト、暗いピクセルはブラックの2階調の画像になります❷。

❶設定　❷変換された

097

お手軽に写真の雰囲気を変える

075

[カラールックアップ] 調整レイヤーを使うと、プリセットを選択するだけで画像の雰囲気を変えることができます。

第3章 ▶ 075.psd

1 サンプルファイルを開きます❶。レイヤーパネルで、[塗りつぶしまたは調整レイヤーを新規作成] ❷をクリックし❷、表示されたメニューから [カラールックアップ] を選択します❸。レイヤーパネルに「カラールックアップ1」調整レイヤーが作成され、選択された状態になります❹。

2 属性パネルを開きます。3種類のプリセットテーブルとプリセットが表示されているので、プリセットを選択します❶。ここでは [3D LUTを読み込み] をクリックし❷、[Bleach Bypasslook] を選択します❸。画像にプリセットが適用され、画像の雰囲気が変わりました❹。ほかのプリセットを選択して、どのように変わるか試してみてください。

098　　　Macでは、キーは次のようになります。　Ctrl → ⌘　　Alt → option　　Enter → return

階調を反転させる

076

[階調の反転]調整レイヤーを利用すると、画像の階調を反転させられます。属性パネルによるオプションはありません。

第3章 ▶ 076.psd

1 サンプルファイルを開きます❶。レイヤーパネルで、[塗りつぶしまたは調整レイヤーを新規作成]をクリックし❷、表示されたメニューから[階調の反転]を選択します❸。

2 画像の階調が反転します❶。レイヤーパネルに「階調の反転1」調整レイヤーが作成され、選択された状態になります❷。

Camera Rawを使って色調補正する

077

Rawデータの現像ソフトとしてCamera Rawは多くのユーザーに使われています。Camera Rawにも色調補正の機能が多く備わっています。PhotoshopからでもCamera Rawをフィルターとして使用できます。

第3章 ▶ 077.psd

1 サンプルファイルを開きます❶。レイヤーパネルで、[背景]レイヤーを選択し❷、レイヤーパネルメニューから[スマートオブジェクトに変換]を選択します❸。

2 [背景レイヤー]がスマートオブジェクトに変換され、「レイヤー0」レイヤーに変わり、スマートオブジェクトサムネールが表示されます❶。

3 [フィルター]メニュー→[Camera Rawフィルター]を選択します❶。

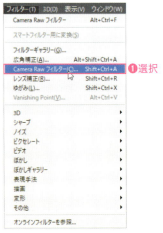

Macでは、キーは次のようになります。　Ctrl → ⌘　　Alt → option　　Enter → return

100

4 [Camera Raw]ダイアログボックスが表示されます❶。通常のCamera Rawと同様に、色調補正が可能です❷。ここでは、[基本補正]パネルで、スライダーを調整して少し暗めに色を調整しています。調整したら[OK]をクリックします❸。

5 画像が補正されました❶。スマートオブジェクトに変換したので、レイヤーパネルに[Camera Rawフィルター]が表示されます❷。[Camera Rawフィルター]の表示をダブルクリックすれば[Camera Raw]ダイアログボックスが表示され、設定を変更できます。

❶補正された

❷表示される

POINT

Camera Rawの色調補正

第12章「Camera Raw」で、Camera Rawを使った色調補正について解説しているので、そちらも参考にしてください。

調整レイヤーを特定のレイヤーだけに適用する

078

調整レイヤーは、レイヤーパネルでその背面にあるレイヤーすべてに適用されます。特定のレイヤーにだけ適用するにはクリッピングを使います。

 第3章 ▶ 078.psd

1 サンプルファイルを開きます❶。レイヤーパネルで「トーンカーブ1」調整レイヤーと「カラーバランス1」調整レイヤーが適用されていることを確認します❷。このふたつの調整レイヤーは、「レイヤー1」レイヤーから下のすべてのレイヤーに適用されています。

❶開く
❷確認

2 レイヤーパネルで「カラーバランス1」調整レイヤーと「レイヤー1」レイヤーの間を Alt キーを押しながらクリックします❶。「カラーバランス1」調整レイヤーが「レイヤー1」レイヤーにクリッピングされ❷、「レイヤー1」レイヤーにだけ適用されます（「レイヤー2」レイヤーの画像の色が変わったことでわかります）❸。

❸「レイヤー1」レイヤーにだけ適用される

3 さらに、レイヤーパネルで「トーンカーブ1」調整レイヤーと「カラーバランス1」調整レイヤーとの間を Alt キーを押しながらクリックします❶。「トーンカーブ1」調整レイヤーが「カラーバランス1」調整レイヤーにクリッピングされます❷。「カラーバランス1」調整レイヤーは「レイヤー1」レイヤーにクリッピングされているので、「トーンカーブ1」調整レイヤーも「レイヤー1」レイヤーにだけ適用されます❸。

❸「トーンカーブ1」調整レイヤーも「レイヤー1」レイヤーにだけ適用される

Macでは、キーは次のようになります。 Ctrl → ⌘ Alt → option Enter → return

選択範囲

Photoshopの作業において、画像の補正や変形などの編集対象は選択範囲になります。選択範囲の作成はもっとも頻繁に行う作業であり、また重要なものです。本章では選択範囲について解説します。

079~100

第4章

選択範囲を理解する

079

簡単な選択範囲を作成して、選択範囲についての理解を深めましょう。アルファチャンネルとの関連について理解すると、レイヤーマスクの使い方もわかりやすくなります。

第4章 ▶ 079.psd

1 サンプルファイルを開きます。楕円形選択ツール◯を選択し❶、オプションバーで［ぼかし］を「0px」❷、［アンチエイリアス］のチェックを外して「オフ」にします❸。ドラッグして選択範囲を作成します❹。点線で表示された内部が選択範囲となります。Delete キーを押すと、選択範囲が消去されます❺。境界部分を拡大表示してみましょう。［ぼかし］を「0px」、［アンチエイリアス］が「オフ」なので、ギザギザになっているのがわかります❻。

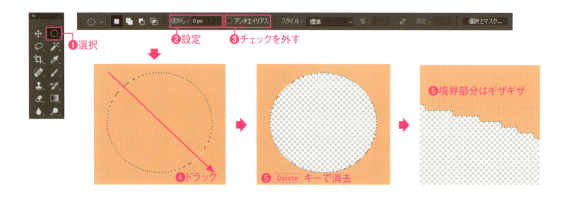

2 ［ファイル］メニュー→［復帰］を選択して元に戻します。今度は、オプションバーで［ぼかし］を「0px」❶、［アンチエイリアス］にチェックを付けて「オン」にします❷。手順1と同様にドラッグして選択範囲を作成します❸。点線での表示は同じです。Delete キーを押して選択範囲を消去します❹。境界部分を拡大表示してみましょう。境界線部分のピクセルが半透明になって、境界線のギザギザが緩和されているのがわかります❺。このように、アンチエイリアスとは、境界部分のピクセルを半透明にして、ギザギザを目立たなくする処理のことをいいます。

104　Macでは、キーは次のようになります。　Ctrl → ⌘　Alt → option　Enter → return

3 ［ファイル］メニュー→［復帰］を選択して元に戻します。今度は、オプションバーで［ぼかし］を「10px」❶、［アンチエイリアス］にチェックを付けて「オン」にします❷。同様にドラッグして選択範囲を作成します❸。点線で表示されるのは同じです。Deleteキーを押して選択範囲を消去します❹。点線部分を中心に、半透明になっている部分ができます。これが［ぼかし］で指定した範囲です。境界部分を拡大表示してみましょう❺。境界線部分を中心に徐々にピクセルが半透明になっているのがわかります❻。［ぼかし］を使うと、設定した範囲で選択範囲がぼけるように選択されます。

4 100％表示に戻し、［クイックマスクモードで編集］をクリックします❶。画面がクイックマスクモードになり、選択範囲外が赤で、選択範囲だけが表示されます（手順3で消去しているので表示部分は透明です）❷。チャンネルパネルを表示し、RGBチャンネルの［チャンネルの表示/非表示］ をクリックして❸、［クイックマスク］チャンネルだけを表示します❹。

5 グレースケールの画像が表示されます❶。［クイックマスク］チャンネルは、選択範囲をグレースケールの画像で表示したチャンネルです。白が選択されている部分、黒が選択されていない部分で、グレースケールの部分は半透明で選択されます。白に近いほど不透明が高く（完全に選択される）、黒に近いほど透明に近く（選択されない）なります。
ブラシツールを選択して❷、白い部分を黒で塗ってみましょう（適当でかまいません）❸。クイックマスクモードをクリックして解除すると❹、選択範囲の形状が変わっていることがわかります❺。このように、Photoshopの選択範囲は点線で表示されますが、実際にはグレースケールの画像でぼかし範囲を持っていることを理解しておきましょう。

105

長方形の選択範囲を作成する

080

長方形選択ツールによる選択範囲は、もっとも使用機会の多いものです。単純なドラッグで作成できますが、Shiftキーや Altキーの併用、指定したサイズでの作成方法も覚えておきましょう。

第4章 ▶ 080.psd

1 サンプルファイルを開きます❶。長方形選択ツールを選択し❷、瓶を囲むようにドラッグすると、ドラッグした範囲が選択範囲となります❸。CtrlキーとDキーを押して、選択を解除します❹。

❶開く　❷選択　❸ドラッグ　❹ Ctrl + D キーで選択解除

2 今度は、Shiftキーを押しながらドラッグします❶。選択範囲の縦横比が固定されて、正方形の選択範囲となります。CtrlキーとDキーを押して選択を解除します❷。続いて、瓶の中央付近から Altキーを押しながらドラッグします❸。選択範囲が中央から作成されます。作成したら、CtrlキーとDキーを押して選択を解除します❹。

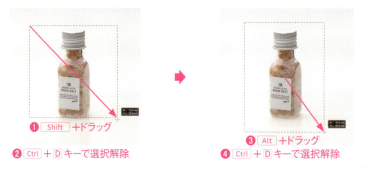

❶ Shift +ドラッグ　❷ Ctrl + D キーで選択解除　❸ Alt +ドラッグ　❹ Ctrl + D キーで選択解除

3 オプションバーの[スタイル]を[固定]に設定し❶、[幅]を「400px」、[高さ]を「800px」に設定します❷。画像上でマウスボタンを押すと、指定したサイズの選択範囲が作成されるので、位置を決定してマウスボタンを放します❸。

❶選択　❷設定

[スタイル]の設定はそのままになるので、使用したら
[標準]に戻すことを心がける

❸選択範囲の位置を決定

Macでは、キーは次のようになります。　Ctrl → ⌘　　Alt → option　　Enter → return

楕円形の選択範囲を作成する

081

楕円形選択ツールによる選択範囲も、よく使います。単純なドラッグで作成できますが、楕円の選択範囲は開始位置を決めにくいので、円の中央から選択できる Alt キーを使うことも覚えておきましょう。

 第4章 ▶ 081.psd

1 サンプルファイルを開きます❶。楕円形選択ツール を選択し❷、瓶を囲むようにドラッグすると❸、ドラッグした範囲が選択範囲となります❹。Ctrl キーと D キーを押して、選択を解除します❺。

❶開く　　❷選択　　❸ドラッグ　　❹選択範囲が作成された
❺ Ctrl ＋ D キーで選択解除

2 今度は、Shift キーを押しながらドラッグします❶。選択範囲の縦横比が固定されて、正円の選択範囲となります。Ctrl キーと D キーを押して❷、選択を解除します❸。

❶ Shift ＋ドラッグ　　❷正円の選択範囲が作成された
❸ Ctrl ＋ D キーで選択解除

3 瓶の中央付近から、Shift キーと Alt を押しながらドラッグします❶。Alt キーを押すと、円の中央から選択範囲作成できます❷。円の選択範囲は、通常のドラッグだと開始位置を決めにくいので覚えておきましょう。Shift キーも押すことで正円の選択範囲になります。作成したら、Ctrl キーと D キーを押して選択を解除します❸。

❶ Shift ＋ Alt ＋ドラッグ　　❷選択範囲が作成された
❸ Ctrl ＋ D キーで選択解除

POINT

オプションバーの[スタイル]を[固定]に設定すると、[幅]と[高さ]を数値指定して、選択範囲を作成できます。

フリーハンドで選択範囲を作成する

082

なげなわツールを使うとフリーハンドで選択範囲を作成できます。ざっくりした範囲を作成するときに便利です。

第4章 ▶ 082.psd

1 サンプルファイルを開きます❶。なげなわツール ○ を選択します❷。

❶開く

❷選択

2 瓶を囲むようにドラッグすると❶❷❸、ドラッグした範囲が選択範囲となります❹。

❶ドラッグ ❷ドラッグ ❸ドラッグ ❹選択範囲が作成された

POINT

直線で囲む

なげなわツール ○ 使用時に、Alt キーを押すと一時的に多角形選択ツール になって、直線で選択できます。ドラッグの最中にマウスボタンを押したまま Alt キーを押し❶、Alt キーを押したままマウスボタンを放します❷。Alt キーを押したまま別の場所をクリックすると、直線で結ばれます❸。なげなわツール ○ に戻すには、マウスボタンを押した状態で Alt キーを放します❹。

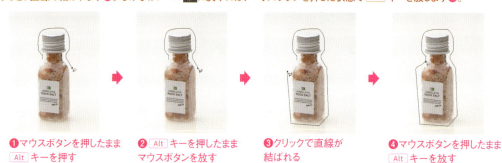

❶マウスボタンを押したまま Alt キーを押す
❷Alt キーを押したままマウスボタンを放す
❸クリックで直線が結ばれる
❹マウスボタンを押したまま Alt キーを放す

Macでは、キーは次のようになります。 Ctrl → ⌘ Alt → option Enter → return

多角形の選択範囲を作成する

083

多角形選択ツールは、直線で選択範囲を作成するツールです。選択したい部分が直線の多いときに便利な選択ツールです。

📥 第4章 ▶ 083.psd

---

1 サンプルファイルを開きます❶。多角形選択ツール を選択します❷。

❶開く

❷選択

2 始点をクリックします❶。次にクリックすると、前にクリックした点と直線で結ばれます❷。最後に始点をクリックするか、直線が交差するようにクリックします。直線で結ばれた範囲が選択範囲となります❹。

❶ドラッグ

❷クリックして直線で結ぶ

❸始点でクリック

❹選択範囲が作成された

POINT

フリーハンドで囲む

多角形選択ツール 使用時に、Alt キーを押すと一時的に投げなわツール 使用時になり、そのままドラッグしてフリーハンドで選択範囲を作成できます。Alt キーを放すと多角形選択ツール に戻ります。

選択範囲を追加する・削除する

084

長方形選択ツール、楕円形選択ツール、なげなわツール、多角形選択ツールでは、選択範囲を追加、削除できます。オプションバーで設定もできまうが、Altキーや Shiftキーを使うと効率的に作業できます。

第4章 ▶ 084.psd

1 サンプルファイルを開きます❶。長方形選択ツール を選択します❷。

ここでは長方形選択ツールで説明しているが、楕円形選択ツール、なげなわツール、多角形選択ツール、マグネット選択ツールでも同様

❶開く　❷選択

2 ドラッグして選択範囲を作成します（サイズ等は任意）❶。次に Shift キーを押しながらドラッグして、追加する選択範囲を作成します❷。Shift キーを押すと、選択範囲の追加になります。ドラッグした部分が選択範囲に追加されます❸。Ctrl キーと D キーを押して、選択を解除します❹。

❶選択範囲作成　❷Shift+ドラッグ　❸選択範囲が追加された　❹Ctrl+Dキーで選択解除

3 ドラッグして選択範囲を作成します（サイズ等は任意）❶。次に、Alt キーを押しながらドラッグして❷、削除する選択範囲を指定します。ドラッグした部分が選択範囲から削除されます❸。

❶選択範囲作成　❷Alt+ドラッグ　❸選択範囲が削除された

Macでは、キーは次のようになります。　Ctrl → ⌘　Alt → option　Enter → return

選択範囲を移動する

085

長方形選択ツール、楕円形選択ツール、なげなわツール、多角形選択ツール、マグネット選択ツールは、選択範囲の内側をドラッグして選択範囲の位置を移動できます。

第4章 ▶ 085.psd

1 サンプルファイルを開きます❶。長方形選択ツール❷を選択します❷。

❶開く

❷選択

2 オプションバーの[スタイル]を[固定]に設定し❶、[幅]を「400px」、[高さ]を「800px」に設定します❷。画像上クリックして選択範囲を作成します❸。位置は適当でかまいません。

❶選択　❷設定

[スタイル]の設定はそのままになるので、使用したら[標準]に戻すことを心がける

❸クリックして選択範囲作成

3 選択範囲の中にマウスカーソルを移動します❶。ドラッグすると選択範囲を移動できます❷。

❶移動　❷ドラッグ

ここでは長方形選択ツールで説明しているが、楕円形選択ツール、なげなわツール、多角形選択ツール、マグネット選択ツールでも同様

086 同系色のピクセルを選択する

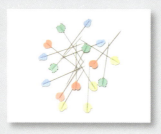

自動選択ツールを使うと、同系色のピクセルを選択できます。クイック選択ツールを使っても、ドラッグした範囲の同系色のピクセルを選択できます。マグネット選択ツールは、色差のはっきりした境界をドラッグして選択できます。

第4章 ▶ 086-1.psd、086-2.psd、086-3.psd

自動選択ツールで選択する

自動選択ツールは、クリックした箇所と同じ系統の色にピクセルを選択するツールです。オプションバーの[許容値]の設定で、選択する色の範囲を制御します。数値が小さいほど、選択される色の範囲は狭くなります。

1 サンプルファイル「086-1.psd」を開き❶、自動選択ツールを選択します❷。オプションバーで、[許容値]を「32」に設定し❸、[隣接]のチェックを外します❹。

2 まち針の緑色の飾り部分をクリックします❶。すべての緑色の飾り部分が選択されますが❷、針の入っている部分は色が異なるので全体が選択されません❸。

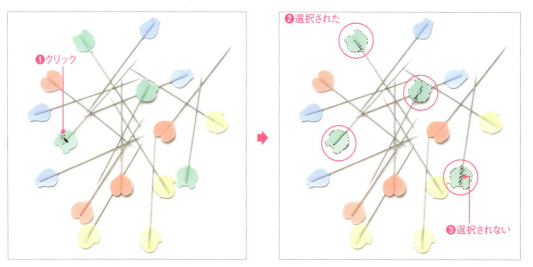

112　Macでは、キーは次のようになります。　Ctrl → ⌘　Alt → option　Enter → return

3 緑色の飾り部分を拡大表示します❶。選択されていない部分を Shift キーを押しながらクリックして❷、選択範囲に追加します。全体が選択されるまで、何度か Shift ＋クリックします❸❹。

4 全体を表示して、すべての緑の飾り部分が選択されているか確認します❶。

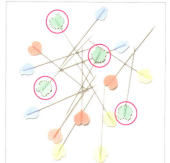

POINT

許容値を大きく設定する

同系色の色が思ったように選択できないときは、[許容値]の値を大きくして選択してみるのもいいでしょう。

クイック選択ツールで選択する

クイック選択ツール は、画像のドラッグした範囲と同じ系統の色を自動的に選択できるツールです。ブラシのサイズも変更できるので、細かい箇所の選択にも向いています。

1 サンプルファイル「086-2.psd」を開きます❶。クイック選択ツール を選択します❷。オプションバーで、[クリックでブラシオプションを開く] をクリックし❸、ブラシの[直径]を設定します（ここでは初期値の「30px」）❹。

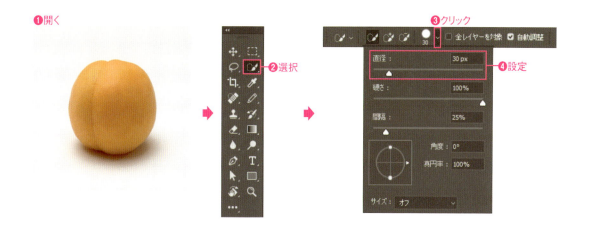

113

2 マウスカーソルを果物と影の境界部分ぐらいに移動しドラッグを開始します❶。周囲をドラッグしていくと、選択範囲が広がり❷❸、果物の周囲全体が選択されます❹。ここでは、果物の周囲を選択しましたが、果物をドラッグして果物を選択することもできます。

POINT

レイヤーを選択すること

クイック選択ツールや自動選択ツールを使用するときは、レイヤーパネルで選択対象のあるレイヤーを選択してください。

マグネット選択ツールを使って選択する

マグネット選択ツールは、色の差異がはっきりしている境界線部分をドラッグして選択範囲を作成できます。

1 サンプルファイル「086-3.psd」を開き、マグネット選択ツールを選択します❶。選択したい画像の境界部分をクリックし❷、境界部分をマウスでなぞります（マウスボタンを押している必要はありません）❸。始点まで戻ったらクリックします❹。選択範囲が作成されます❺。

114　　　Macでは、キーは次のようになります。　Ctrl → ⌘　Alt → option　Enter → return

第4章 選択範囲

特定の色域を選択する

087

[色域指定]コマンドを使うと、画像のクリックした箇所の近似色のピクセルから選択範囲を作成できます。完全な選択範囲が作成できないときは、レイヤーマスクを作成するなどして、選択範囲を微調整してください。

第4章 ▶ 087.psd

1 サンプルファイルを開き❶、[選択範囲]メニュー→[色域指定]を選択します❷。[色域選択]ダイアログボックスが表示されるので、[カラークラスタ指定]にチェックを付け❸、[許容量]を設定します(ここでは「30」)❹。[範囲]は「100」のままでかまいません❺。

❶開く

❷選択

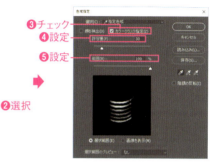

❸チェック
❹設定
❺設定

2 画像のカップの青いボーダーをクリックします❶。[色域選択]ダイアログボックスの選択範囲のプレビューに、クリックして選択した範囲が表示されます❷。

❶クリック

❷表示される

3 プレビューを見ながら、ボーダーの選択範囲が広くなるように、違う場所を Shift キーを押しながらクリックして選択範囲を広げます(何カ所もクリック)❶。広がりすぎたら、Ctrl キーと Z キーを押して元に戻してください。選択範囲が広がったら[許容量]の値を大きくして、選択範囲を広げます(ここではそのまま)❷。[OK]をクリックすると❸、選択範囲が作成されます❹。

❶ Shift +クリック

❸クリック
❷設定

❹選択範囲が作成される

115

［被写体を選択］を使って選択範囲を作成する

088

CC2018から追加された、クイック選択ツールや自動選択ツールのオプションバーにある［被写体を選択］を使うと、画像内の人物、動物、乗り物、おもちゃなど、画像に含まれるさまざまな被写体を自動で選択できます。

第4章 ▶ 088.psd

1 サンプルファイルを開きます❶。クイック選択ツールを選択します❷。オプションバーで、［被写体を選択］をクリックします❸。画像内の被写体が自動認識され、選択範囲が作成されます❹。

2 ［被写体を選択］を使うと、背景との境界がはっきりした画像ではかなり正確に選択範囲が作成されますが、微調整を行うには、［選択とマスク］を使います。オプションバーの［選択とマスク］をクリックします❶。画面が［選択とマスク］ワークスペースに変わります❷。属性パネルの［表示］の⌵をクリックし❸、表示されたメニューから［点線］を選択します❹。選択範囲が点線表示されます❺。傘と石づきの境界部分❻が選択されていないようなので調整します。

116　　　Macでは、キーは次のようになります。　Ctrl → ⌘　　Alt → option　　Enter → return

3 ブラシツール を選択します❶。調整する部分を拡大表示し、[キーまたは]キーを押してブラシの直径を調整して❷、ドラッグして選択範囲を広げます❸。はみ出してもかまいません。

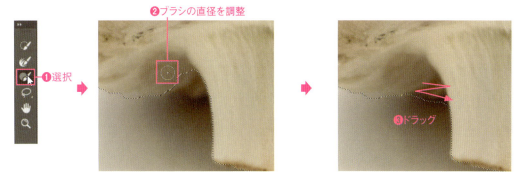

4 [キーまたは]キーを押してブラシの直径を小さく調整して❶、Altキーを押しながらドラッグしてはみ出した選択部分を消していきます❷❸。

5 選択範囲が調整できたら、属性パネルの[OK]をクリックします❶。元の画面に戻るので、選択範囲が調整されていることを確認します❷。

Point

[選択とマスク]ワークスペースでは、[出力先]に[新規レイヤー(レイヤーマスクあり)]を選択すると❶、選択範囲からレイヤーマスクのある新規レイヤーに書き出せます❷。

117

焦点領域から選択範囲を作成する

089

CC2014から追加された[焦点領域]コマンドを使うと、画像の焦点のあっている領域を自動で選択できます。選択範囲の作成時に、選択範囲の調整も可能です。

第4章 ▶ 089.psd

1 サンプルファイルを開きます❶。[選択範囲]メニュー→[焦点領域]を選択します❷。

❶開く

❷選択

2 [焦点領域]ダイアログボックスが表示されます❶。[表示]を[点線]に設定します❷。パラメーターの[自動]にチェックを付けます❸。画像に選択範囲が作成されます❹。のぞんだ選択範囲にならないときは、パラメーターのスライダーを調整してください(ここではそのままにします)。坪の右下の部分が選択されないので❺、調整します。

❶表示される　❷[点線]に設定

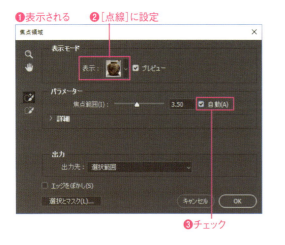

❸チェック

❹選択範囲が作成された

❺選択されていない

118　　Macでは、キーは次のようになります。　Ctrl → ⌘　Alt → option　Enter → return

3 ［焦点領域］ダイアログボックスで、［焦点領域加算ツール］を選択します❶。調整する部分を拡大表示し、[キーまたは] キーを押してブラシの直径を調整して❷、ドラッグして選択範囲を広げます❸。はみ出してもかまいません。

4 [キーまたは] キーを押してブラシの直径を小さく調整して❶、 Alt キーを押しながらドラッグしてはみ出した選択部分を消していきます❷。また、土台のエッジ部分にも選択されている部分があるので、 Alt ＋ドラッグして選択範囲から削除します❸。

5 選択範囲が調整できたら、［焦点領域］ダイアログボックスの［OK］をクリックします❶。選択範囲が調整されていることを確認します❷。

119

パスから選択範囲を作成する

090

ペンツールや図形ツールで作成したパスから、選択範囲を作成できます。直線部分の多い図形を選択するときなどは、ペンツールで作成したパスから選択範囲を作成したほうがエッジがきれいになります。

 第4章 ▶ 090.psd

1 サンプルファイルを開きます❶。この画像には、封筒の形のパスが作成されています。

❶開く

2 パスパネルを開き、作業用パスを選択し❶、[パスを選択範囲として読み込む]をクリックします❷。パスの形状の選択範囲が作成されます❸。

❶選択
❷クリック

❸選択範囲が作成された

POINT

パスパネルのパスサムネールを Ctrl キーを押しながらクリックすると❶、そのパスの形状の選択範囲を作成できます❷。

❶ Ctrl +クリック

❷選択範囲が作成される

Macでは、キーは次のようになります。 Ctrl → ⌘ Alt → option Enter → return

第4章 選択範囲

選択範囲の表示を一時的に消す

091

選択範囲を表す波線が、作業時に邪魔になることがあります。波線は、ガイド等と一緒に一時的に非表示にできます。キーボードショートカットを覚えておくと効率的に作業できます。

 第4章 ▶ 091.psd

---

1 サンプルファイルを開きます❶。この画像には、作業用パスが作成されています。パスパネルを開き、「パス1」のパスサムネールを Ctrl キーを押しながらクリックします❷。選択範囲が作成されます❸。

❶開く

ここでは作例操作のためにパスから選択範囲を作成しているが、通常の作業では選択ツール等で選択範囲を作成する

❸選択範囲が作成された

2 Ctrl キーと H キーを押すと❶、選択範囲の境界線が非表示になります❷。再度、Ctrl キーと H キーを押すと❸、選択範囲の境界線が表示されます❹。

POINT

Ctrl + H は、[表示]メニュー→[エクストラ]のキーボードショートカットです。このコマンドは、選択範囲だけでなく、[表示・非表示]で表示されるサブメニューにチェックの付いている項目を表示/非表示します。

❶ Ctrl + H キー　　❸ Ctrl + H キー

❷選択範囲が非表示になる　❹選択範囲が表示される

POINT

Macでは、⌘+H キーを押すと、ダイアログボックスが表示されます。選択範囲を非表示にするには、[エクストラを隠す]をクリックしてください。

第4章 選択範囲

121

選択範囲を反転させる

092

選択したい部分よりもそれ以外の部分が選択しやすいときなどは、選択しやすいほうで選択して、あとから選択範囲を反転するほうが効率的です。よく使う機能なので、キーボードショートカットを覚えておきましょう。

第4章 ▶ 092.psd

1 サンプルファイルを開きます❶。この画像には、作業用パスが作成されています。

❶開く

2 パスパネルを開き、「パス1」のパスサムネールを Ctrl キーを押しながらクリックします❶。選択範囲が作成されます❷。

ここでは作例操作のためにパスから選択範囲を作成しているが、通常の作業では選択ツール等で選択範囲を作成する

❷選択範囲が作成された

3 [選択範囲]メニュー→[選択範囲を反転]を選択します❶。選択範囲が反転します❷。

❶選択

❷選択範囲が反転した

POINT

キーボードショートカット

[選択範囲の反転]のキーボードショートカットは、
Shift + Ctrl + I
です。よく使うので、覚えておきましょう。

Macでは、キーは次のようになります。　Ctrl → ⌘　　Alt → option　　Enter → return

選択範囲を広げる・狭める

093

作成した選択範囲を決められたサイズ分広げたり、狭めたりできます。画像よりも少しだけ大きくまたは小さく切り取りたいときなどに便利です。

 第4章 ▶ 093.psd

1 サンプルファイルを開きます❶。この画像には、作業用パスが作成されています。パスパネルを開き、「パス1」のパスサムネールを Ctrl キーを押しながらクリックします❷。選択範囲が作成されます❸。

❶開く

❷ Ctrl +クリック

ここでは作例操作のためにパスから選択範囲を作成しているが、通常の作業では選択ツール等で選択範囲を作成する

❸選択範囲が作成された

2 [選択範囲]メニュー→[選択範囲を変更]→[拡張]を選択します❶。[選択範囲を拡張]ダイアログボックスが表示されるので、[拡張量]に広げる大きさ(ここでは「30」)を入力し❷、[OK]をクリックします❸。指定した分だけ選択範囲が拡張します❹。

❹選択範囲が広がった

POINT

選択範囲を狭める

選択範囲を狭めるには、[選択範囲]メニュー→[選択範囲を変更]→[縮小]を選択します❶。[選択範囲を縮小]ダイアログボックスが表示されるので、[縮小量]に狭める大きさを入力し❷、[OK]をクリックします❸。
[カンバスの境界に効果を適用]は、選択範囲を反転しているときなど、カンバスの境界に選択範囲があるときに、境界部分も縮小するかどうかのオプションです。

元の選択範囲

[カンバスの境界に効果を適用]オフ　　[カンバスの境界に効果を適用]オン

選択範囲の境界をぼかす

094

選択範囲の境界を、指定したサイズでぼかすことできます。選択した範囲を残して周囲を削除するとき、境界部分をシャープでなくぼかしたいときなどに便利です。

 第4章 ▶ 094.psd

1 サンプルファイルを開きます❶。この画像には、作業用パスが作成されています。パスパネルを開き、「パス1」のパスサムネールを Ctrl キーを押しながらクリックします❷。選択範囲が作成されます❸。

❶開く

❷ Ctrl +クリック

ここでは作例操作のためにパスから選択範囲を作成しているが、通常の作業では選択ツール等で選択範囲を作成する

❸選択範囲が作成された

2 [選択範囲]メニュー→[選択範囲を変更]→[境界をぼかす]を選択します❶。[境界をぼかす]ダイアログボックスが表示されるので、[ぼかしの半径]にぼかしの大きさ（ここでは「40」）を入力し❷、[OK]をクリックします❸。指定したサイズのぼかしがかかります❹。

❶選択 ❷設定 ❸クリック

❹選択範囲がぼかされた

3 ぼかしがどの程度になったのかがわからないので、クイックマスクモードで確認しましょう。ツールパネルの[クイックマスクモードで編集]をクリックします❶。境界部分にぼかしが入っていることを確認します❷。

❶クリック

❷ぼかしが入っていることを確認

Macでは、キーは次のようになります。 Ctrl → ⌘ Alt → option Enter → return

選択範囲に境界線を描く

095

選択範囲に境界線を描くことができます。切り抜いた画像の境界部分を縁取るなど用途はさまざまです。描画用のレイヤーを別に作成しておき、元画像を保持するようにしてください。

第4章 ▶ 095.psd

1 サンプルファイルを開きます❶。この画像には、作業用パスが作成されています。パスパネルを開き、「パス1」のパスサムネールを Ctrl キーを押しながらクリックします❷。選択範囲が作成されます❸。

❶開く

❷ Ctrl ＋クリック

ここでは作例操作のためにパスから選択範囲を作成しているが、通常の作業では選択ツール等で選択範囲を作成する

❸選択範囲が作成された

2 カラーパネルを開き、境界線のカラーを描画色に設定します（カラーは任意）❶。レイヤーパネルで、境界線を描くレイヤー（ここでは「レイヤー1」レイヤー）を選択します❷。

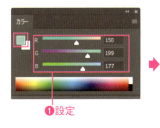

❶設定

❷選択

3 ［編集］メニュー→［境界線を描く］を選択します❶。［境界線］ダイアログボックスが表示されるので、［幅］に境界線の幅を設定し（ここでは「20px」）❷、［位置］で境界線を選択範囲のどこに描くかを選択します❸。カラーは現在の描画色が設定されますが、クリックして変更することもできます❹。必要であれば、描画モードや不透明度を設定し❺、［OK］をクリックすると❻、境界線が描画されます❼。

❶選択

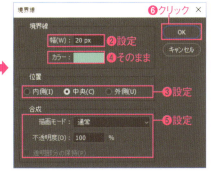

❻クリック
❷設定
❹そのまま
❸設定
❺設定

❼境界線が描かれた

第4章 選択範囲

096 選択範囲を滑らかにする

[選択範囲を滑らかにする]コマンドを使うと、角のある選択範囲や、凹凸の多い選択範囲の境界部分を滑らかにできます。サイズを大きく指定すると、極端な形状の変更も可能です。

第4章 ▶ 096.psd

1 サンプルファイルを開きます❶。この画像には、作業用パスが作成されています。パスパネルを開き、「パス1」のパスサムネールを Ctrl キーを押しながらクリックします❷。選択範囲が作成されます❸。

2 [選択範囲]メニュー→[選択範囲を変更]→[滑らかに]を選択します❶。[選択範囲を滑らかに]ダイアログボックスが表示されるので、[半径]に滑らかにする半径(ここでは「20」)を入力し❷、[OK]をクリックします❸。指定した半径で角が滑らかになります❹。

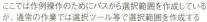

3 クイックマスクモードで確認しましょう。レイヤーパネルで[背景]レイヤーを非表示にして❶、ツールパネルの[クイックマスクモードで編集]をクリックします❷。選択範囲の角が滑らかになっていることを確認します❸。

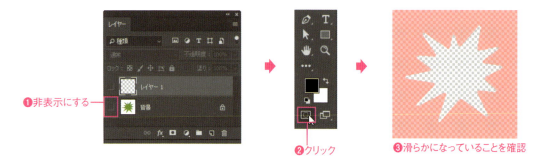

126　Macでは、キーは次のようになります。 Ctrl → ⌘　Alt → option　Enter → return

髪の毛などの複雑な領域を選択する

097

髪の毛などの複雑な領域を選択するには、[選択とマスク] ワークスペースを使うと、簡単な操作できれいに選択できます。[選択とマスク] はCC2015.5以降の機能で、CC2015以前は[境界線を調整]を使ってください。

第4章 ▶ 097.psd

1 サンプルファイルを開きます。レイヤーパネルを開き、「元画像」レイヤーを選択します❶。自動選択ツール を選択し❷、オプションバーで、[許容値]を「32」❸、[隣接]をオフに設定し❹、画像の背景をクリックし選択します❺。

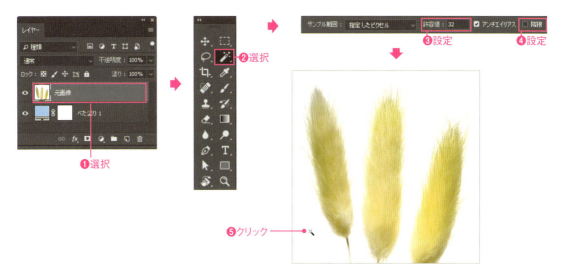

2 背景が選択されます❶。[選択範囲]メニュー→[選択範囲を反転]を選択します❷。選択範囲が反転して、穂の部分が選択されます❸。

❶背景が選択された

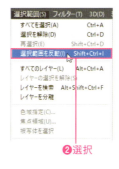
❷選択

❸選択範囲を反転した

3 オプションバーの[選択とマスク]をクリックします（CC 2015以前は[境界を調整]）❶。画面が[選択とマスク]ワークスペースに変わります（CC 2015以前は[境界線を調整]ダイアログボックスが表示されます）❷。属性パネルの[表示]の▽をクリックし❸、表示されたメニューから[オーバーレイ]を選択します❹。選択範囲がオーバーレイ表示になります❺。

4 プレビューを見ながら[エッジの検出]の[半径]の値を大きくして、穂先が自然に見えるように調整します（ここでは「90px」に設定）❶。次に、[エッジをシフト]をプラス側に設定して、穂先がくっきり見えるように調整します（ここでは「+20%」に設定）❷。

5 調整が終了したら、[出力先]を[新規レイヤー（レイヤーマスクあり）]に設定し❶、[OK]をクリックします❷。選択範囲からレイヤーマスクのある新しいレイヤーが作成され、元のレイヤーは非表示になります❸。選択範囲外がマスクされて背景が表示されます❹。

Macでは、キーは次のようになります。　Ctrl → ⌘　　Alt → option　　Enter → return

6 レイヤーパネルで、新しくできた「元画像のコピー」レイヤーのレイヤーマスクサムネールを Alt キーを押しながらクリックして❶、レイヤーマスクのアルファチャンネルを表示します。穂の内側で、完全に白くなっていない部分があるのがわかります❷。アルファチャンネルのグレースケール画像の色調を補正します。[イメージ]メニュー→[色調補正]→[トーンカーブ]を選択します❸。

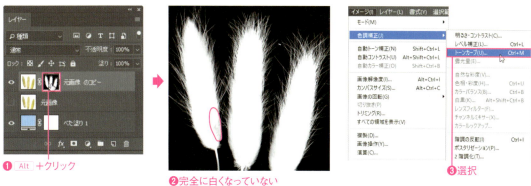

アルファチャンネルを直接調整するが、アルファチャンネルは非破壊編集できない。必要に応じて、レイヤーをコピーしておくとよい

7 [トーンカーブ]ダイアログボックスが表示されるので、プレビューを見ながらトーンカーブの中央を上にドラッグして明るくなるように補正します❶。補正したら[OK]をクリックします❷。穂の内側が、完全に白くなりました❸。

8 レイヤーパネルで、「元画像のコピー」レイヤーのレイヤーサムネールをクリックして❶、画像の状態に戻します❷。

シェイプやテキストから選択範囲を作成する

098

画像に入力したシェイプやテキストからは、図形の形状や文字のアウトラインの選択範囲を簡単に作成できます。

第4章 ▶ 098.psd

1 サンプルファイルを開きます❶。レイヤーパネルで、「多角形1」シェイプレイヤーのレイヤーサムネールを Ctrl キーを押しながらクリックします❷。シェイプの形状の選択範囲が作成されます❸。

❶開く

❷ Ctrl +クリック

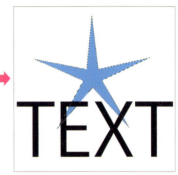

❸選択範囲が作成された

2 レイヤーパネルで、「TEXT」テキストレイヤーのレイヤーサムネールを Ctrl キーを押しながらクリックします❶。テキストのアウトラインの形状の選択範囲が作成されます❷。

❶ Ctrl +クリック

❷選択範囲が作成された

POINT

レイヤーサムネールやレイヤーマスクサムネールでも同様

レイヤーパネルでは、画像レイヤーのレイヤーサムネールを Ctrl キーを押しながらクリックすると、ピクセルのある部分から選択範囲を作成できます。
レイヤーマスクやベクトルマスクのあるレイヤーでは、レイヤーマスクサムネールを Ctrl キーを押しながらクリックすると、マスク範囲から選択範囲を作成できます。

Macでは、キーは次のようになります。 Ctrl → ⌘ Alt → option Enter → return

選択範囲を保存する

099

選択範囲は、選択を解除したり、新しい選択範囲を作成すると消えてしまいます。複雑な選択範囲や繰り返し使用する選択範囲は、保存しておくようにしましょう。

📥 第4章 ▶ 099.psd

1 サンプルファイルを開き、クイック選択ツールを選択します❶。花の内側をドラッグして❷、花の選択範囲を作成します❸。ブラシの直径は、[キーまたは]キーを押して調整してください。

❸選択範囲が作成された

2 [選択範囲]メニュー→[選択範囲を保存]を選択します❶。[選択範囲を保存]ダイアログボックスが表示されるので、[名前]に名称を入力して❷、[OK]をクリックします❸。選択範囲はアルファチャンネルとして保存され、チャンネルパネルに表示されます❹。

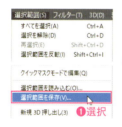

POINT

レイヤーマスクにする

選択範囲からレイヤーマスクを作成しても、選択範囲はレイヤーマスクとして保存されます。保存用に新しいレイヤーにレイヤーマスクを作成してもよいでしょう。

POINT

パスとして保存する

選択範囲がぼかしなどを含まない形状だけのものであれば、パスとして保存してもよいでしょう。[選択範囲から作業用パスを作成]◇をクリックして作業用パスを作成し、作業用パスをダブルクリックして保存します。

131

選択範囲を読み込む

100

アルファチャンネルに保存した選択範囲や、レイヤーマスクのマスク範囲からは、簡単に選択範囲を作成できます。

第4章 ▶ 100.psd

1 サンプルファイルを開きます❶。このファイルには、選択範囲を保存したアルファチャンネル「flower01」が含まれています。チャンネルパネルで、「flower01」チャンネルのチャンネルサムネールを Ctrl キーを押しながらクリックします❷。選択範囲が読み込まれます❸。

❶開く

❷ Ctrl ＋クリック

❸選択範囲が読み込まれた

2 Ctrl キーと D キーを押して、選択を解除します❶。レイヤーパネルで、非表示にしている「選択範囲保存」レイヤーのレイヤーマスクサムネールを Ctrl キーを押しながらクリックします❷。レイヤーマスクから選択範囲が読み込まれます❸。

❶ Ctrl ＋ D キーで選択解除

❷ Ctrl ＋クリック

❸選択範囲が読み込まれた

POINT

ほかのファイルの選択範囲を読み込む

ほかのファイルでアルファチャンネルに保存されている選択範囲を読み込むには、[選択範囲]メニュー→[選択範囲を読み込む]を選択し、[選択範囲を読み込む]ダイアログボックスの[ドキュメント]でファイルとアルファチャンネルを選択してください。

Macでは、キーは次のようになります。　Ctrl → ⌘　　Alt → option　　Enter → return

画像の変形

Photoshop では、画像を縮小させたり、回転させたりなどの変形が可能です。切り抜きを含めて、さまざまな変形機能が用意されているので、用途に合わせて使用してください。なお、変形すると、元画像の品質は損なわれます。作業時には、レイヤーをコピーしたり、スマートオブジェクトに変換するなどして、元画像を残すようにしてください。元ファイルを複製しておくのもいいでしょう。

第5章

画像をトリミングする

101

画像を切り抜く（トリミングする）には、切り抜きツールを使います。ドラッグして切り抜く範囲を指定しますが、画像の角度を補正して回転した状態で切り抜くこともできます。

📁 第5章 ▶ 101-1.psd、101-2.psd

通常のトリミング

1 サンプルファイル「101-1.psd」を開きます❶。切り抜きツール を選びます❷。オプションバーで［比率］を選択し（右側のボックスに数値が入っていたら［消去］をクリックして消去し、Escキーを2回押す）❸、［切り抜いたピクセルを削除］のチェックがなく「オフ」であることを確認します❹。ドラッグして切り抜く範囲を指定します❺。切り抜く範囲を示す切り抜きボックスが表示されるので、内部をドラッグして花の位置を調整します❻。

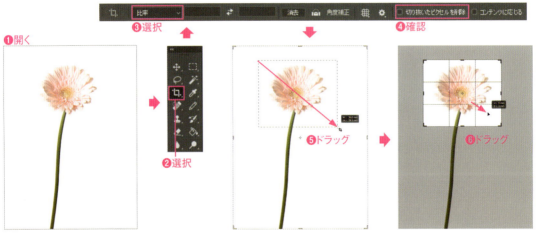

2 サイズと位置が確定したら、オプションバーの○をクリックします❶。指定したサイズに切り抜かれます❷。

POINT

オプションバーの○をクリックする代わりにEnterキーを押してもかまいません。

3 移動ツール を選択します❶。切り抜いた画像を右上にドラッグして移動します❷。［切り抜いたピクセルを削除］をオフにしていたので、元の画像が残っており、画像を移動しても茎が切れずに表示されます❸。

134　Macでは、キーは次のようになります。　Ctrl → ⌘　　Alt → option　　Enter → return

画像の角度を補正してトリミング

1 サンプルファイル「101-2.psd」を開きます❶。切り抜きツール を選びます❷。オプションバーで[比率]であること❸、[切り抜いたピクセルを削除]のチェックがなくオフであることを確認します❹。[コンテンツに応じる]にチェックを付けて❺、[角度補正]をクリックしてオンにします❻。画像の辺に合わせてドラッグします❼。

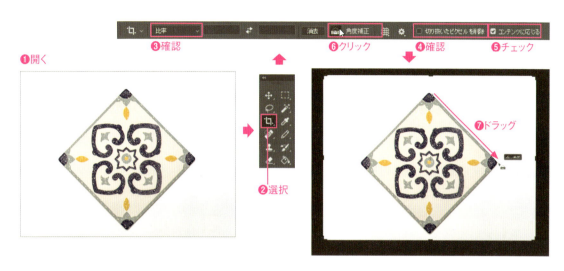

2 指定した辺が水平になるように画像が回転します❶。切り抜きボックスの左と右のハンドルをドラッグして、切り抜く範囲を指定します❷。

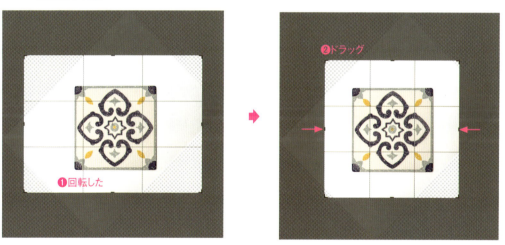

3 サイズと位置が確定したら、オプションバーの○をクリックします❶。指定したサイズに切り抜かれます❷。また、左上と右下には、画像を回転したので本来ピクセルのない透明部分となりますが、[コンテンツに応じる]にチェックを付けたので、周囲のコンテンツから自動で違和感なく塗りつぶされます❸。

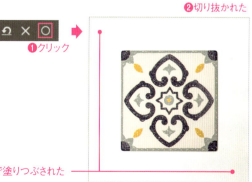

サイズや比率を指定してトリミングする

102

切り抜きツールでは、縦横の比率を指定してトリミングできます。解像度を指定することもできますが、画像が拡大されることもあるので注意してください。

第5章 ▶ 102.psd

1 サンプルファイルを開き❶、切り抜きツール ❒ を選びます❷。画面に切り抜きボックスが表示されていたら、Esc キーを2回押して消去してください。オプションバーで［1：1（正方形）］を選択し❸、［切り抜いたピクセルを削除］のチェックがなく「オフ」であることを確認します❹。ドラッグして切り抜く範囲を指定すると、正方形の切り抜きボックスが表示されます❺。切り抜きボックスの内部をドラッグして花の位置を調整し❻、サイズと位置が確定したら、オプションバーの○をクリックします❼。指定した比率で切り抜かれます❽。

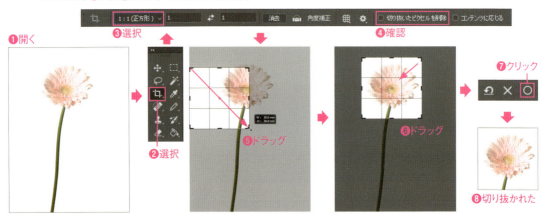

2 サンプルファイルを初期状態に戻します❶。今度は比率だけでなく解像度も指定して切り抜きます。オプションバーで、［幅×高さ×解像度］を選択します❷。画面に切り抜きボックスが表示されていたら、Esc キーを2回押して消去してください。［幅］と［高さ］に「50mm」と入力し❸、［単位］を「px/in」に設定します❹。［解像度］に「350」と入力して❺、ドラッグして切り抜く範囲を指定すると、正方形の切り抜きボックスが表示されます❻。切り抜きボックスの内部をドラッグして花の位置を調整し❼、サイズと位置が確定したら、オプションバーの○をクリックします❽。指定したサイズと解像度で切り抜かれます❾。解像度を指定すると、画像が拡大されることがあります。極端に拡大すると画像の粗さが目立つのでご注意ください。

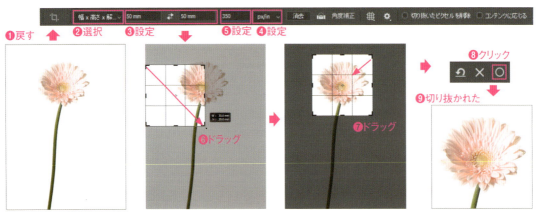

画像を回転して切り抜く

103

切り抜きツールでは、画像をドラッグして回転してから切り抜くこともできます。角度補正と同様に、[コンテンツに応じる]オプションをオンで使用してください。

第5章 ▶ 103.psd

1 サンプルファイルを開きます❶。切り抜きツールを選びます❷。オプションバーで[元の縦横比]を選択し❸、[切り抜いたピクセルを削除]のチェックがなく「オフ」であることを確認します❹。[コンテンツに応じる]にチェックを付けます❺。切り抜きボックスの角の外側をドラッグすると画像が回転するので❻、ビルが垂直になるように調整します。

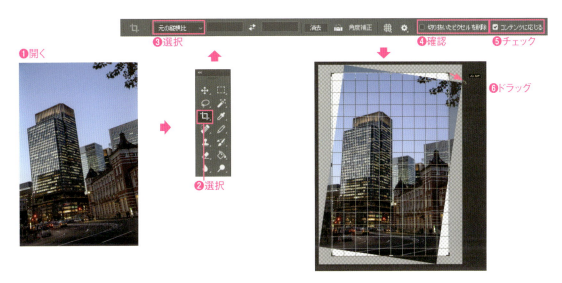

2 切り抜きボックスの四隅のハンドルをドラッグして、切り抜く範囲を指定します❶。[コンテンツに応じる]オプションがオンですが、できるだけ画像内に収まるように指定します。サイズと位置が確定したら、オプションバーの○をクリックします❷。指定したサイズに切り抜かれます❸。左上の空の部分は、[コンテンツに応じる]オプションによって自動で塗りつぶされます。

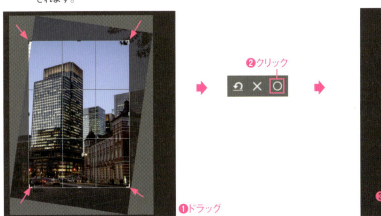
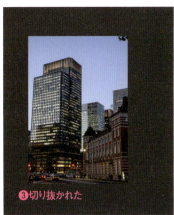

遠近法の切り抜きツールで傾いた画像を切り抜く

104

遠近法の切り抜きツールを使うと、画像をグリッドに合わせて傾きを調整して切り抜くことができます。[コンテンツに応じる]オプションはないので、画像内で切り抜き範囲を指定してください。

第5章 ▶ 104.psd

1 サンプルファイルを開きます❶。遠近法の切り抜きツール を選びます❷。ドラッグしておおまかに切り抜く範囲を指定します❸。

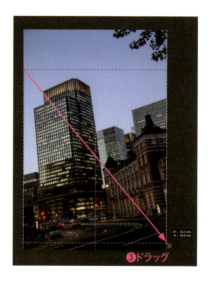

2 グリッドが表示されるので、画像内の左右の建物の垂直線にグリッドの縦線が合うように調整します❶。調整したら、オプションバーの○をクリックします❷。指定したグリッドに合わせて傾きが調整され、画像が長方形に切り抜かれます❸。

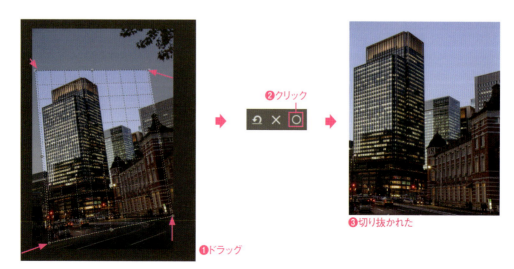

第5章 画像の変形

105 画像をドラッグで縮小する

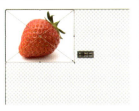

画像を縮小するには、[自由変形]コマンドを使います。拡大もできますが、画像が粗くなるのでお勧めしません。ドラッグで拡大・縮小するときは、縦横比がおかしくならないように Shift キーを併用してください。

第5章 ▶ 105.psd

1 サンプルファイルを開きます❶。レイヤーパネルで[背景]レイヤーを選択し❷、レイヤーパネルメニューの[スマートオブジェクトに変換]を選択します❸。[背景]レイヤーがスマートオブジェクトになり「レイヤー0」レイヤーに変わりました❹。

❶開く

❷選択

❸選択

❹変換された

2 [編集]メニュー→[自由変形]を選択します❶。画像の周囲にバウンディングボックスが表示されます❷。4隅のハンドルをドラッグすると変形できるので、右下のハンドルを Shift キーを押しながらドラッグして縮小します❸。

❶選択

[自由変形]コマンドはよく使うので、キーボードショートカットの Ctrl + T を覚えておくとよい

❷バウンディングボックスが表示される

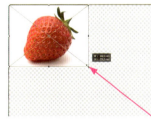
❸ Shift +ドラッグ

3 縮小したら、オプションバーの○をクリックします❶。変形が確定します❷。

❶クリック

スマートオブジェクトに適用した[自由変形]は、変形結果が記録されており、再度[自由変形]を適用すると、前の変形結果が表示される

POINT

[自由変形]は、[背景]レイヤー全体には使用できません。選択範囲があるときは、選択範囲にバウンディングボックスが表示され、変形対象となります。
スマートオブジェクトのレイヤーでは、選択範囲を変形対象にできず、レイヤー全体が対象となります。

❷確定した

画像を数値指定で縮小する

106

画像を数値指定で縮小するには、[自由変形]コマンドのオプションバーで指定します。拡大もできますが、画像が粗くなるのでお勧めしません。元の画像を保持するために、レイヤーをコピーしたり、スマートオブジェクトに変換するなどして、やり直しできるようにしてください。

第5章 ▶ 106.psd

1 サンプルファイルを開きます❶。レイヤーパネルで「レイヤー0」レイヤーを選択します❷。このレイヤーは非破壊編集のために、スマートオブジェクトに変換してあります。[編集]メニュー→[自由変形]を選択します❸。

❶開く

❷選択

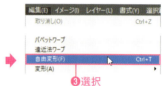
❸選択

[自由変形]コマンドはよく使うので、キーボードショートカットの Ctrl + T を覚えておくとよい

2 画像の周囲にバウンディングボックスが表示されます❶。オプションバーで、[縦横比を固定]をクリックして有効にして❷、[W]に「50%」と入力します❸。オブジェクトが50%に縮小されます❹。サイズ決まったら、オプションバーの○をクリックします❺。画像の縮小が確定しました❻。

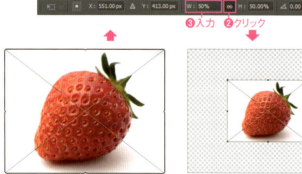
❶バウンディングボックスが表示される

❸入力 ❷クリック
❹縮小した

❺クリック
❻確定した

スマートオブジェクトに適用した[自由変形]は、変形結果が記録されており、再度[自由変形]を適用すると、前の変形結果が表示される

POINT

サイズを指定して縮小する

[自由変形]の実行時に、オプションバーで[W]または[H]に単位を付けてサイズを指定して拡大・縮小できます。

単位「px」をつけて指定

幅が400pxに拡大・縮小

Macでは、キーは次のようになります。 Ctrl → ⌘ Alt → option Enter → return

画像を回転させる

107

画像を回転させるには、[自由変形]コマンドを使います。画像によってはエッジが粗くなるので、レイヤーのコピーを作成したり、スマートオブジェクトに変換したりして、元画像を残して作業するようにしてください。

第5章 ▶ 107.psd

1 サンプルファイルを開きます❶。レイヤーパネルで「レイヤー1」レイヤーを選択します❷。このレイヤーは非破壊編集のために、レイヤーマスクで背面をマスクした「元画像」レイヤーをスマートオブジェクトにしたものです。[編集]メニュー→[自由変形]を選択します❸。

❶開く

❷選択

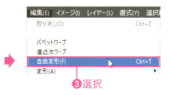
❸選択

[自由変形]コマンドはよく使うので、キーボードショートカットの Ctrl + T を覚えておくとよい

2 画像の周囲にバウンディングボックスが表示されます❶。周囲のハンドルの外側にカーソルを移動すると、回転のカーソルに変わるので、ドラッグして回転します❷。角度が決まったらオプションバーの○をクリックします❸。画像の回転が確定しました❹。

❶バウンディングボックスが表示される

❷ドラッグ

❸クリック
❹確定した

スマートオブジェクトに適用した[自由変形]は、変形結果が記録されており、再度[自由変形]を適用すると、前の変形結果が表示される

POINT

角度を指定して回転する

[自由変形]の実行時に、オプションバーで[回転]に角度を指定して回転できます。

また、90°回転や180°の回転は、[編集]メニュー→[変形]から[180°回転]、[90°回転(時計回り)]、[90°回転(反時計回り)]で回転できます。

角度を指定
指定した角度で回転

画像を傾ける・歪ませる

108

［自由変形］コマンドを使うと、画像を傾けたり、歪ませるように変形することもできます。レイヤーのコピーを作成したり、スマートオブジェクトに変換したりして、元画像を残して作業するようにしてください。

第5章 ▶ 108.psd

 サンプルファイルを開きます❶。レイヤーパネルで「元画像」レイヤーを選択します❷。このレイヤーはレイヤーマスクでイチゴの形で切り抜いています。［編集］メニュー→［自由変形］を選択します❸。

2 画像の周囲にバウンディングボックスが表示されます❶。周囲の辺の中央のハンドルを Ctrl キーを押しながらドラッグすると画像が傾きます❷。また、4隅のハンドルを Ctrl キーを押しながらドラッグすると、そのハンドルだけが移動して歪むように変形できます❸。

3 形が決まったら、オプションバーの○をクリックします❶。画像の変形が確定しました❷。レイヤーパネルで、レイヤーマスクも同時に変形していることを確認してください❸。

142　　Macでは、キーは次のようになります。　Ctrl → ⌘　　Alt → option　　Enter → return

画像を反転させる

109

画像の左右や上下の反転は、コマンドを選択するだけで可能です。また、[自由変形]コマンドのドラッグ操作でも反転させられます。

第5章 ▶ 109.psd

---

1 サンプルファイルを開きます❶。レイヤーパネルで「元画像」レイヤーを選択します❷。このレイヤーはレイヤーマスクでイチゴの形で切り抜いています。

❶開く

❷選択

2 [編集]メニュー→[変形]→[水平方向に反転]を選択します❶。レイヤーが水平方向に反転します❷。レイヤーパネルで、レイヤーマスクも反転したことを確認してください❸。

❶選択

❷水平方向に反転した

❸レイヤーマスクも変形する

[編集]メニュー→[変形]→[垂直方向に反転]を選択すると、垂直方向に反転できる

POINT

自由変形での反転

[編集]メニュー→[自由変形]を実行時に、辺の中央のハンドルを Alt キーを押しながらドラッグすると、画像の中央から変形するので、反対側までドラッグすれば反転となります。

反対側まで Alt +ドラッグ

反転する

143

遠近感を持たせるように台形状に変形する

110

［自由変形］コマンドは、Shift キーと Ctrl キーと Alt キーを同時に押しながらハンドルをドラッグすると、台形状に変形できます。

第5章 ▶ 110.psd

1 サンプルファイルを開きます❶。レイヤーパネルで「レイヤー1」レイヤーを選択します❷。このレイヤーは非破壊編集のために、レイヤーマスクで背面をマスクした「元画像」レイヤーをスマートオブジェクトにしたものです。

2 ［編集］メニュー→［自由変形］を選択します❶。画像の周囲にバウンディングボックスが表示されます❷。

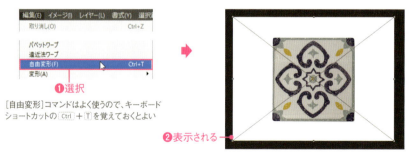

［自由変形］コマンドはよく使うので、キーボードショートカットの Ctrl ＋ T を覚えておくとよい

3 右下のハンドルを、Shift キーと Ctrl キーと Alt キーを同時に押しながら右にドラッグします❶。画像が台形状に変形します❷。

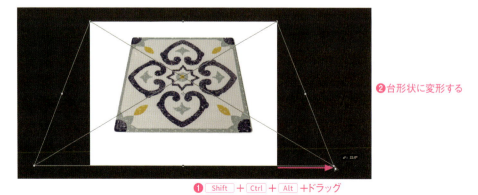

144　　Macでは、キーは次のようになります。　Ctrl → ⌘　　Alt → option　　Enter → return

4 右上のハンドルを、Shift キーと Ctrl キーと Alt キーを同時に押しながら左にドラッグします❶。続いて、上中央のハンドルを下にドラッグし❷、下中央のハンドルを上にドラッグして形を整えます❸。

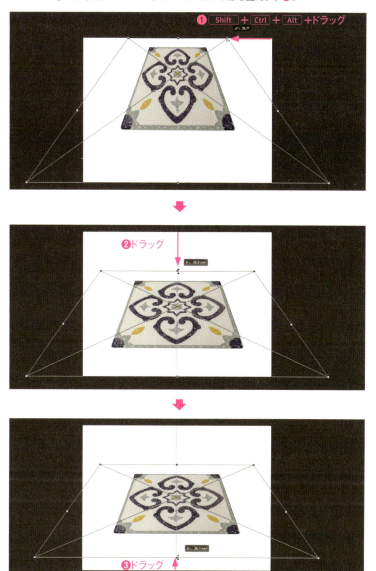

5 形が決まったら、オプションバーの○をクリックします❶。画像の変形が確定しました❷。

第5章 画像の変形

145

第5章 画像の変形

パペットワープで複雑な形状に変形する

111

[パペットワープ]を使うと、画像を複雑な形状に変形できます。変形の基礎は、画像内で変形させたくない位置に調整ピンを配置することです。レイヤーのコピーを作成したり、スマートオブジェクトに変換したりして、元画像を残して作業するようにしてください。

📥 第5章 ▶ 111.psd

1 サンプルファイルを開きます❶。レイヤーパネルで「レイヤー1」レイヤーを選択します❷。このレイヤーは非破壊編集のために、レイヤーマスクで背面をマスクした「元画像」レイヤーをスマートオブジェクトにしたものです。

2 [編集]メニュー→[パペットワープ]を選択します❶。画像にメッシュが表示されます❷。

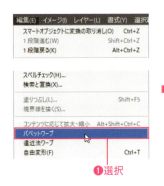

3 茎の一番下の部分をクリックして❶、調整ピンを追加します❷。調整ピンは、変形時に移動したくない場所に追加します。茎の中央部にも、クリックして調整ピンを追加します❸。

Macでは、キーは次のようになります。 Ctrl → ⌘   Alt → option   Enter → return

4 茎の中央の調整ピンが選択された状態で Alt キーを押すと❶、調整ピンの周囲に回転ハンドルが表示されるのでそのまま Alt キーを押したままドラッグして回転させます❷。調整ピンを中心に、画像が回転します❸（ただし調整ピンのある場所は移動しません）。

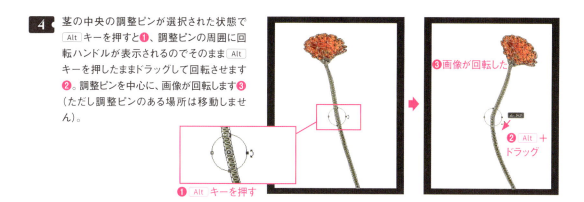

5 花の中心部分をクリックして調整ピンを追加します❶。追加した調整ピンを左にドラッグして移動します❷。茎の中央の調整ピンとの間が変形されます❸。茎の一番下の調整ピンもドラッグして移動します（アートボードの外側でもかまいません）❹。

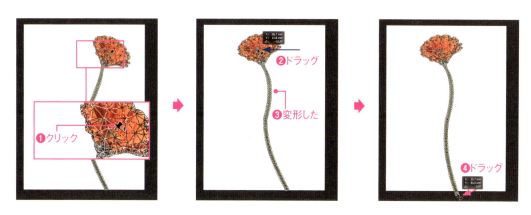

6 花の中心部分の調整ピンをクリックして選択してから、Alt ＋ドラッグで花を回転させます❶。形が決まったら、オプションバーの○をクリックします❷。画像の変形が確定しました❸。レイヤーパネルには、スマートフィルターとして［パペットワープ］と表示されます❹。ダブルクリックすると、再度メッシュが表示され変形を編集できます。

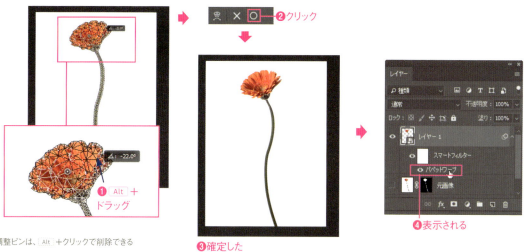

調整ピンは、Alt ＋クリックで削除できる

画像の面に合わせて変形する

112

[遠近法ワープ]コマンドを使うと、画像上に配置した変形用クアッドに沿って画像を変形できます。奥行きのある画像の変形に使います。

📥 第5章 ▶ 112.psd

1 サンプルファイルを開きます❶。レイヤーパネルで「レイヤー1」レイヤーを選択します❷。このレイヤーは非破壊編集のために、「元画像」レイヤーをスマートオブジェクトにしたものです。[編集]メニュー→[遠近法ワープ]を選択します❸。

❶開く

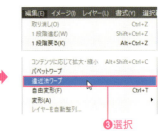

2 手順1/2のヒントが表示されたら読んでから閉じます❶。建物の正面の塔の屋根の上から左下に向けてドラッグし❷、変形用のクアッドを作成します。

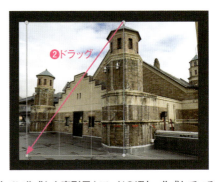

3 右側にも変形用のクアッドをドラッグして作成します❶。その際、すでに作成した変形用クアッドの辺と、作成している辺が近くなると、ふたつの辺がハイライト表示されるので❷、そこでドラッグをやめるとふたつのクアッドがその辺を共有するように合体します❸。

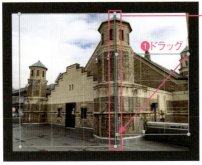

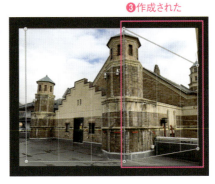

148　　Macでは、キーは次のようになります。　Ctrl → ⌘　　Alt → option　　Enter → return

4 左面の左側のハンドルをドラッグして、クアッドが壁の奥行きに合うように変形します❶❷。壁のラインとクアッドのグリッドが合うようにしてください。右面の右側のハンドルも同様にドラッグして変形します❸。

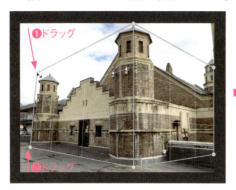

5 変形クアッドが完成したら、オプションバーで［ワープ］を選択します❶。手順2/2のヒントが表示されたら読んでから閉じます❷。

6 ワープモードに入ると、クアッドのワープピンを移動して変形できます。ここでは、中央のラインを Shift キーを押しながらクリックします❶。ラインが垂直になり、表示が黄色になります。画像も垂直に変形されます。同様に、ほかの垂直ラインも Shift キーを押しながらクリックして垂直にして❷❸、画像を変形します。

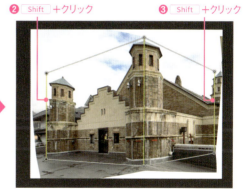

うまく変形しないときは、オプションバーの［ワープを削除］をクリックして変形を削除し、［レイアウト］をクリックして変形クアッドを調節する

7 オプションバーの○をクリックすると❶、画像の変形が確定します❷。レイヤーパネルには、スマートフィルターとして［遠近法ワープ］と表示されます❸。ダブルクリックすると、変形を編集できます。必要に応じてトリミングしてください❹。

第5章 画像の変形

149

ワープを使い波状や不定形に変形する

第5章 画像の変形

113

[ワープ] 変形を使うと、プリセットを選択するだけで、簡単に画像をさまざまな形状に変形できます。また、バウンディングボックスのコントロールポイントやハンドルを調整して、複雑な形状に変形することもできます。

第5章 ▶ 113-1.psd、113-2.psd

プリセットを使う

1 サンプルファイル「113-1.psd」を開きます❶。レイヤーパネルで「長方形1」レイヤーを選択します❷。このレイヤーは、シェイプレイヤーです。[編集] メニュー→ [変形] → [ワープ] を選択します❸。

❶開く　❷選択　❸選択

2 画像の周囲にバウンディングボックスが表示されます❶。オプションバーの [ワープ] のプリセットに [旗] を選択します❷。画像が旗状に変形します❸。

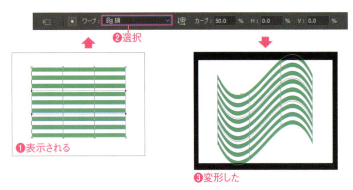

❶表示される　❷選択　❸変形した

POINT

プリセット

[ワープ] には、さまざまな変形用のプリセットが用意されています。用途に応じて選択してください。

3 バウンディングボックスのコントロールポイントをドラッグして変形具合を調整します❶。調整したらオプションバーの○をクリックします❷。変形が確定します❸。

❶ドラッグ　❷クリック　❸確定した

Macでは、キーは次のようになります。　Ctrl → ⌘　　Alt → option　　Enter → return

カスタムワープを使う

1 サンプルファイル「113-2.psd」を開きます❶。レイヤーパネルで「長方形1」レイヤーを選択します❷。このレイヤーは、シェイプレイヤーです。[編集]メニュー→[変形]→[ワープ]を選択します❸。

2 「長方形1」レイヤーの画像の周囲にバウンディングボックスが表示されます❶。右上のコントロールポイントをドラッグして、カップの右上に移動します(場所は厳密でなくてかまいません)❷。画像が変形します❸。

3 左上のコントロールポイントをドラッグして、カップの左上に移動します(場所は厳密でなくてかまいません)❶。同様に、左下と右下のコントロールポイントもドラッグして移動します❷❸。

4 右上のコントロールポイントに表示されているハンドルをドラッグし、バウンディングボックスがカップの縁に沿うようにします❶。バウンディングボックスの形状に合わせて画像も変形します❷。

5 同じく、左上コントロールポイントに表示されているハンドルをドラッグし❶、画像が背面のカップの縁に合うように調節します。同様に、ほかのコントロールポイントのハンドルを調整して、ボーダーの画像がカップの正面に見える範囲に合うように調節します（厳密でなくてかまいません）❷❸❹。

6 バウンディングボックスの中央のメッシュを下にドラッグして移動し、ボーダーの曲がりがカップの形状に合うように調節します❶。

7 調整が終了したらオプションバーの○をクリックします❶。変形が確定します❷。

8 レイヤーパネルで「長方形1」レイヤーを選択した状態で、描画モードに［オーバーレイ］を選択します❶。画像がカップになじみます❷。

ピクセルのある部分を囲むように切り抜く

114

画像を変形する際には、印刷物やWebでのレイアウトがしやすいように、ピクセルのある部分だけを残して、ピッタリに切り抜きたいことがあります。レイヤーサムネールを選択してから切り抜けば簡単です。

第5章 ▶ 114.psd

1 サンプルファイルを開きます❶。レイヤーパネルで「レイヤー1」レイヤーを選択します❷。「レイヤー1」レイヤーは、果実の部分だけが切り抜かれて、背景は透明（ピクセルがない）になっています。

❶開く

❷選択

2 レイヤーパネルで「レイヤー1」レイヤーのレイヤーサムネールを Ctrl キーを押しながらクリックします❶。ピクセルのある部分だけが選択されます❷。

❶ Ctrl ＋クリック

❷ピクセルのある果実部分だけが選択される

3 ［イメージ］メニュー→［切り抜き］を選択します❶。画像が選択範囲がピッタリ収まるサイズに切り抜かれます❷。

❶選択

❷切り抜かれた

画像をゆがませて変形する

115

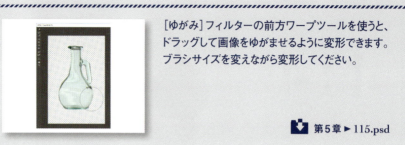

[ゆがみ]フィルターの前方ワープツールを使うと、ドラッグして画像をゆがませるように変形できます。ブラシサイズを変えながら変形してください。

第5章 ▶ 115.psd

1 サンプルファイルを開きます❶。レイヤーパネルで「レイヤー1」レイヤーを選択します❷。このレイヤーは非破壊編集のために、スマートオブジェクトに変換してあります。[フィルター]メニュー→[ゆがみ]を選択します❸。

2 [ゆがみ]ダイアログボックスが表示されるので、前方ワープツールを選択します❶。[ ] キーや [ ] キーを押してブラシのサイズを大きめに設定し❷、瓶の左側の境界部分より少し内側から外側に向かってドラッグし❸、曲線になるように変形します。同様に、左側の下部分もドラッグし、左側部分が曲線になるように変形します❹。厳密に同じ形状にならなくてもいいので、おかしくなったら Ctrl + Z で取り消して進めてください。

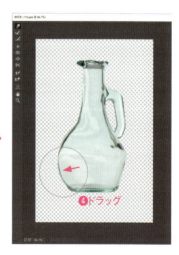

154　　Macでは、キーは次のようになります。　Ctrl → ⌘　　Alt → option　　Enter → return

3 同様に、右側もドラッグして曲線になるように変形します❶❷。

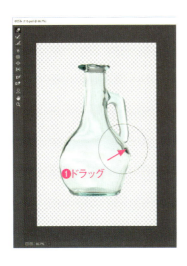
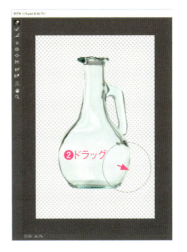

4 []キーや[]キーを押してブラシのサイズを小さくし❶、取っ手の部分をドラッグしてまっすぐになるように変形します❷。形が整ったら、[OK]をクリックします❸。

5 画像が変形しました❶。レイヤーパネルには、スマートフィルターとして[ゆがみ]と表示され❷、ダブルクリックすると、変形を編集できます。

155

画像を渦巻き状に変形する

第5章　画像の変形

116

［ゆがみ］フィルターの渦巻きツールを使うと、画像を渦巻き状に変形できます。幾何学的な模様の画像に利用すれば、面白い形状の画像が作成できるデザインテクニックです。

📥 第5章 ▶ 116.psd

1 サンプルファイルを開きます❶。レイヤーパネルで「レイヤー1」レイヤーを選択します❷。このレイヤーは非破壊編集のために、スマートオブジェクトに変換してあります。［フィルター］メニュー→［ゆがみ］を選択します❸。

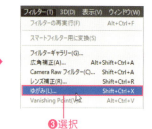

2 ［ゆがみ］ダイアログボックスが表示されるので、渦ツール（右回転）を選択します❶。］キーや［キーを押してブラシのサイズを画像よりも少し大きく設定し❷、画像の中央に配置してしばらくマウスボタンを押し続けます❸。画像が渦巻き状に変形するので、のぞんだ形状になったらマウスボタンを放し❹、［OK］をクリックします❺。

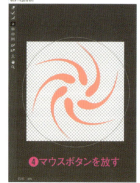

3 画像が渦巻き状に変形しました❶。レイヤーパネルには、スマートフィルターとして［ゆがみ］と表示され❷、ダブルクリックすると、変形を編集できます。

Macでは、キーは次のようになります。　Ctrl → ⌘　　Alt → option　　Enter → return

画像を中央に収縮するように変形する

117

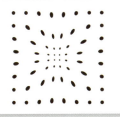

[ゆがみ]フィルターの縮小ツールを使うと、画像を一点に収縮するように変形できます。渦巻きと同様に、幾何学的な模様の画像に利用すると面白い効果が期待できます。

第5章 ▶ 117.psd

1 サンプルファイルを開きます❶。レイヤーパネルで「レイヤー1」レイヤーを選択します❷。このレイヤーは非破壊編集のために、スマートオブジェクトに変換してあります。[フィルター]メニュー→[ゆがみ]を選択します❸。

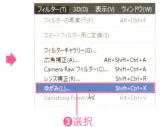

2 [ゆがみ]ダイアログボックスが表示されるので、縮小ツールを選択します❶。[ ]キーや[ ]キーを押してブラシのサイズを画像よりも少し大きく設定し❷、画像の中央に配置してしばらくマウスボタンを押し続けます❸。画像がブラシの中央に向かって収縮するように変形するので、のぞんだ形状になったらマウスボタンを放し❹、[OK]をクリックします❺。

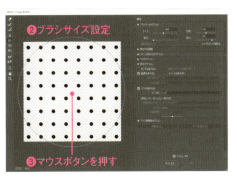
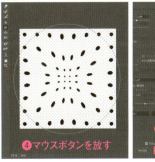

3 画像が変形しました❶。レイヤーパネルには、スマートフィルターとして[ゆがみ]と表示され❷、ダブルクリックすると、変形を編集できます。

157

奥行きに合わせて画像を変形する

118

[Vanishing Point] フィルターを使うと、画像の奥行きに合わせて画像を変形できます。通常の画像を、奥行きのある画像に合成して変形することも可能です。

第5章 ▶ 118.psd

1 サンプルファイルを開きます。レイヤーパネルで「自転車」レイヤーを選択します❶。Ctrlキーと Aキーを押してすべてを選択し❷、Ctrlキーと Cキーを押してコピーします❸。

❷ Ctrl + A キーで選択

❸ Ctrl + C キーでコピー

2 レイヤーパネルで「自転車」レイヤーの [レイヤーの表示/非表示] をクリックして非表示にし❶、「合成用」レイヤーを選択します❷。Ctrlキーと Dキーを押して❸、選択を解除します。

❸ Ctrl + D キーで選択解除

3 [フィルター] メニュー→ [Vanishing Point] を選択します❶。[Vanishing Point] ダイアログボックスが表示されます❷。

❷表示される

Macでは、キーは次のようになります。 Ctrl → ⌘　Alt → option　Enter → return

4 Ctrlキーと Vキーを押して、「自転車」レイヤーの画像をペーストします❶。ペーストされた画像を石畳の面にドラッグします❷。画像が面に沿って変形します。そのままドラッグすると遠近感を保持したまま移動できるので、場所を調節し❸、[OK]をクリックします❹。

❶ Ctrl + V キーでペースト

5 自転車の画像が道の奥行きの遠近感に合うように変形されました❶。自動選択ツールを選択し❷、オプションバーで[許容値]を「32」❸、[隣接]にチェックを付け❹、自転車の白い部分をクリックして選択します❺。

6 レイヤーパネルで、[レイヤーマスクを追加]をクリックして❶、選択範囲からレイヤーマスクを作成します❷。描画モードに[オーバーレイ]を選択し❸、自転車の画像を道路になじませます❹。

画像が反射して見えるように複製する

119

画像がテーブルなどに反射して見えるようにするには、画像を複製してから反転します。複製した画像は、不透明度やレイヤーマスクを適用して、リアル感を出してください。

第5章 ▶ 119.psd

1 サンプルファイルを開きます❶。レイヤーパネルで「元画像」レイヤーを[新規レイヤーを作成]にドラッグします❷。「元画像のコピー」レイヤーが作成され、選択されます❸。

❶開く

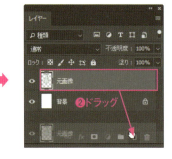

❷ドラッグ

❸複製されて選択される

2 [編集]メニュー→[変形]→[垂直方向に反転]を選択します❶。画像が垂直方向に反転します❷。

❶選択

❷反転した

3 移動ツールを選択します❶。反転した画像を下方向にShiftキーを押しながらドラッグして移動し❷、底が合うように配置します。

❶選択

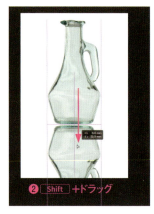

❷Shift+ドラッグ

160　　　　Macでは、キーは次のようになります。　Ctrl → ⌘　　Alt → option　　Enter → return

4 レイヤーパネルで、「元画像のコピー」レイヤーを「元画像」レイヤーの下に移動します❶。移動したら、[不透明度]を「10％」に設定します❷。コピー画像が半透明になります❸。

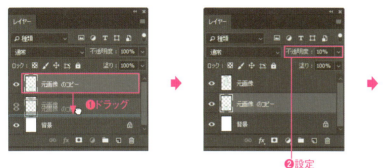

5 レイヤーパネルで、[レイヤーマスクを追加] をクリックし❶、レイヤーマスクを作成します❷。グラデーションツール を選択します❸。オプションバーのグラデーションボックスの右の をクリックして❹、グラデーションに[黒、白]を選択し❺、グラデーションの種類に[線形グラデーション]を選択します❻。[逆方向]のチェックが付いていないことを確認します❼。

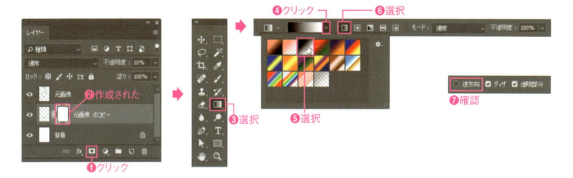

6 画像の下の外側から瓶の底あたりまで、Shift キーを押しながらドラッグします❶。レイヤーマスクにグラデーションが適用され、徐々に消えるようになります❷。グラデーションがレイヤーマスクサムネールに反映されていることを確認してください❸。

第5章 画像の変形

161

画像を球面状に変形する

120

[球面]フィルターを使うと、画像を球面状に変形できます。[フィルター]メニュー→[変形]には、[球面]のような面白い変形機能がほかにも用意されているので、試してみてください。

第5章 ▶ 120.psd

1 サンプルファイルを開きます❶。レイヤーパネルで「レイヤー1」レイヤーを選択します❷。このレイヤーは非破壊編集のために、スマートオブジェクトに変換してあります。

2 [フィルター]メニュー→[変形]→[球面]を選択します❶。[球面]ダイアログボックスが表示されるので、プレビューを全体表示できるように設定します❷。[量]を設定して球面の形状を設定し(ここでは初期値の「100」)❸、[OK]をクリックします❹。

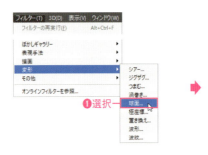

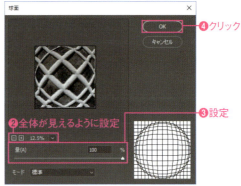

[モード]の[水平方向のみ]で水平方向のみ、[垂直方向のみ]で垂直方向のみ変形できる

3 画像が球面状に変形しました❶。レイヤーパネルには、スマートフィルターとして[球面]と表示され❷、ダブルクリックすると、変形を編集できます。

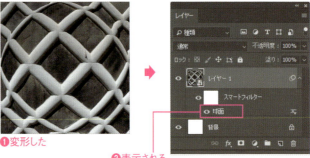

Macでは、キーは次のようになります。 Ctrl → ⌘   Alt → option   Enter → return

カラー設定と
塗りつぶし

Photoshopでは、塗りつぶしや描画に使用する
色として、「描画色」と「背景色」を設定できます。
第6章では、色の設定方法について解説します。
また、塗りつぶしをするには、描画色などの色だ
けでなく、グラデーションやパターンも利用でき
ます。塗りつぶしの方法についても解説します。

第6章

描画色と背景色を指定する

[描画色]は、選択範囲のペイント、塗りつぶし、境界線の描画に使用して、[背景色]は消去部分に使用します。
[描画色]と[背景色]を同時に使ったグラデーションで塗りつぶしたり、描画色や背景色を使って加工するフィルターもあります。

カラーピッカーで指定する

ツールパネルには、現在の[描画色]と[背景色]が表示されます。どちらかのカラーボックスをクリックすると❶、[カラーピッカー]ダイアログボックスが表示され、色を設定できます❷。[カラースペクトル]をクリックするか[カラースライダー]を動かして表示色域を変え、[カラーフィールド]でクリックして、カラーを選択します。カラー値を直接入力してもかまいません。

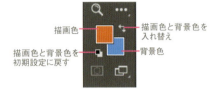

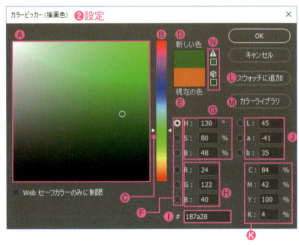

- Ⓐ カラーフィールド：HSB、RGBのうち[カラースペクトル]に選択されていない要素の色が表示される。クリックしてカラーを選択できる
- Ⓑ カラースペクトル：HSBまたはRGBのクリックした要素が表示される
- Ⓒ カラースライダー：カラースペクトルの色を変更する
- Ⓓ 新しく設定する色
- Ⓔ 現在選択している色
- Ⓕ カラースペクトルに表示する要素を選択
- Ⓖ HSBカラー値
- Ⓗ RGBカラー値
- Ⓘ 16進カラー値
- Ⓙ Labカラー値
- Ⓚ CMYKカラー値
- Ⓛ スウォッチに追加
- Ⓜ カラーライブラリを開いて色を選択
- Ⓝ 色域外の警告

POINT

[カラーピッカー]ダイアログボックスで、新しい色の右側にⒶが表示されたときは、選択している色がCMYKの色域外であることを表します。Ⓐをクリックすると、自動的に印刷に近い印象になるよう色が調節されます。その下のⒷは、Webセーフカラーの色域外を表します。WebセーフカラーとはOSやPCに依存せずにWeb表現できる216色のことです。Ⓑをクリックすると、Webセーフカラーに調節されます。

カラーパネルで指定する

カラーパネルには、現在アクティブな[描画色]または[背景色]のカラー値が表示され設定できます。アクティブなボックスは、細い線で囲まれます。クリックしてアクティブなカラーを変更できます。アクティブなカラーのボックスをクリックすると[カラーピッカー]ダイアログボックスが開きます。

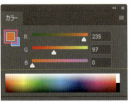

細い線で囲まれているのがアクティブなカラー

スウォッチを使う

122

スウォッチパネルを使うと、ワンクリックで色を描画色や背景色に設定できます。カラーパネルで数値指定した色をスウォッチに登録することもできます。

スウォッチで色を設定する

カラーパネルの［描画色を設定］／［背景色を設定］で色を設定する対象をクリックしてアクティブにします❶。スウォッチパネルで、使いたい色をクリックすると❷、アクティブなほうに設定されます❸。

❶対象を設定

❷クリック

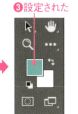
❸設定された

POINT

スウォッチパネルで Ctrl キーを押しながらクリックすると、カラーパネルのアクティブでないほうの色に設定されます。

スウォッチに色を追加する

［カラーピッカー］ダイアログボックスで色を設定し❶、［スウォッチに追加］をクリックします❷。［スウォッチ名］ダイアログボックスが開くので、［名前］にスウォッチ名を入力し❸、［OK］をクリックします❹。スウォッチパネルの最後にスウォッチが追加されます❺。［カラーピッカー］ダイアログボックスは表示されたままなので連続して登録できます。

［現在のライブラリに追加］にチェックを付けると、ライブラリに追加される

カラーパネルで色を設定し❶、スウォッチパネルの［描画色から新規スウォッチ］をクリックしても❷、スウォッチに追加できます。［スウォッチ名］ダイアログボックスが開くので、［名前］にスウォッチ名を入力し、［OK］をクリックしてください。

165

第6章 カラー設定と塗りつぶし

画像から色を拾う

123

スポイトツールを使うと、画像内の色を拾って、描画色や背景色に設定できます。

第6章 ▶ 123.psd

1 サンプルファイルを開き❶、スポイトツール を選びます❷。

❶開く

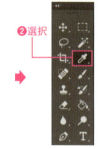
❷選択

2 オプションバーの[サンプル範囲]を[指定したピクセル]に設定し❶、[サンプルリングを表示]にチェックを付けます❷。

❶選択
色を拾う範囲を設定する

色を拾うレイヤーを設定する

❷チェック

3 カラーパネルの描画色ボックスがアクティブであることを確認します❶(アクティブでない場合はクリックしてアクティブにします)。

❶確認

背景色に設定するときは、背景色をアクティブにする

4 色を拾いたいピクセルの上(ここでは黄色い花)にスポイトの先端を合わせて、マウスボタンを押すと❶、サンプルリングにサンプルしたカラーが表示されます❷。マウスボタンを放すと描画色がサンプルしたカラーになります❸。

❶マウスボタンを押す　❷サンプルした色が表示される

❸設定された

前の設定色

Alt +クリックすると、カラーパネルでアクティブでない色に設定できる

166　　Macでは、キーは次のようになります。　Ctrl → ⌘　　Alt → option　　Enter → return

画像内の指定したピクセルのカラー値を調べる

124

情報パネルでは、カーソルのあるピクセルのカラー値を表示できます。また、カラーサンプラーツールを使うと、指定したピクセルのカラー値を情報パネルに表示でき、ピクセルごとの比較や、色調補正後のカラー値の確認が可能です。

第6章 ▶ 124.psd

1 サンプルファイルを開きます❶。どんなツールでもいいので画像上にカーソルを移動すると❷、カーソルの位置のピクセルのカラー値が情報パネルに表示されます❸。カラー値が色域外の場合は❹、カラー値の横に「!」が表示されます❺。

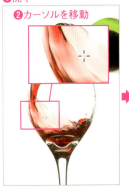
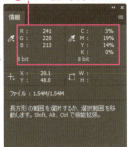

2 特定の場所のカラー値を見たいときは、カラーサンプラーツールを使います。カラーサンプラーツールを選択し❶、カラー値を見たい箇所をクリックします❷。クリックした点にカラーサンプラーが表示され❸、情報パネルに、クリックした箇所のカラー値が表示されます❹。カラーサンプラーは最高10箇所まで追加指定でき、カラーサンプラーツールでドラッグして移動することもできます。カラー値は、画像のカラーモードの値です。

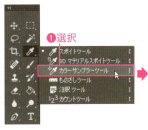

POINT

カラーサンプラーを削除するには、カラーサンプラーツールで Alt ＋クリックします。

レイヤーを指定した色で塗る

125

レイヤー全体を1色で塗りつぶすには、べた塗り調整レイヤーを使うのが基本です。
［編集］メニュー→［塗りつぶし］と比較し、違いを理解して使い分けるようにしてください。
ここでは、2種類の方法を解説します。

第6章 ▶ 125.psd

べた塗りレイヤーを使う

1 サンプルファイルを開きます❶。テキストレイヤーだけのファイルです。レイヤーパネルの［塗りつぶしまたは調整レイヤーを新規作成］をクリックし❷、表示されたメニューから［べた塗り］を選択します❸。［カラーピッカー（べた塗りのカラー）］ダイアログボックスが表示されるので、塗りつぶす色を設定して❹、［OK］をクリックします❺。

2 指定した色で塗りつぶされました❶。レイヤーパネルには、「べた塗り1」調整レイヤーが作成されます❷。

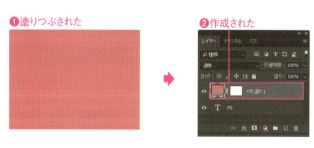

3 レイヤーパネルの「べた塗り1」調整レイヤーをドラッグして最背面に移動します❶。「べた塗り1」調整レイヤーが、「PS」テキストレイヤーの背景となりました❷。

4 レイヤーパネルの「べた塗り1」調整レイヤーの[レイヤーサムネール]をダブルクリックします❶。[カラーピッカー(べた塗りのカラー)]ダイアログボックスが表示されるので、色を変更して❷、[OK]をクリックします❸。色が変わりました❹。[レイヤーサムネール]の色も変わります❺。

塗りつぶしコマンドを使う

1 サンプルファイルを開きます(初期状態からです)❶。レイヤーパネルで[新規レイヤーを作成]をクリックします❷。「レイヤー1」レイヤーが作成され、選択された状態になります❸。

2 [編集]メニュー→[塗りつぶし]を選択します❶。[塗りつぶし]ダイアログボックスが表示されるので、[内容]に[描画色]を選択し❷、[OK]をクリックします❸。「レイヤー1」レイヤーが[描画色]で塗りつぶされました(描画色は環境によって異なります)❹。

[合成]では、レイヤーにある画像に対して、塗りつぶしの色の合成方法を選択
描画モード:描画モードを選択
不透明度:不透明度を設定

3 レイヤーパネルの「レイヤー1」レイヤーをドラッグして最背面に移動します❶。「PS」テキストレイヤーの背景となりました❷。

POINT

[塗りつぶし]コマンドで塗った場合、移動ツールでレイヤーの画像を移動したり、カンバスサイズを大きくしたりすると、塗りつぶされない部分ができてしまいます。べた塗り調整レイヤーであれば、カンバスサイズを大きくしても塗りつぶされない部分はできません。

グラデーションで塗る

126

レイヤー全体をグラデーションで塗りつぶします。ここでは、グラデーション調整レイヤーを使う方法と、グラデーションツールを使う2種類の方法を解説します。

第6章 ▶ 126.psd

グラデーションレイヤーを使う

1 サンプルファイルを開きます❶。ツールパネルの[描画色と背景色を初期設定に戻す]をクリックし❷、続いて[描画色と背景色を入れ替え]をクリックし❸、描画色をホワイトにします。レイヤーパネルの[塗りつぶしまたは調整レイヤーを新規作成]をクリックし❹、表示されたメニューから[グラデーション]を選択します❺。[グラデーションで塗りつぶし]ダイアログボックスが表示されるので、[グラデーション]の右の▼をクリックして❻、グラデーションをダブルクリックして選択します(ここでは[描画色から透明]を選択)❼。

2 [OK]をクリックします❶。指定したグラデーションで塗りつぶされました❷。レイヤーパネルには、「グラデーション1」調整レイヤーが作成されます❸。元の「レイヤー1」レイヤーはそのまま残っています❹。

3 レイヤーパネルの「グラデーション1」調整レイヤーの[レイヤーサムネール]をダブルクリックします❶。[グラデーションで塗りつぶし]ダイアログボックスが表示されるので、[角度]を[130]に変更して❷、[OK]をクリックします❸。グラデーションの角度が変わりました❹。

グラデーションツールを使う

1. サンプルファイルを開きます（初期状態からです）❶。ツールパネルの［描画色と背景色を初期設定に戻す］をクリックし❷、続いて［描画色と背景色を入れ替え］をクリックし❸、描画色をホワイトにします。レイヤーパネルの［新規レイヤーを作成］をクリックします❹。「レイヤー2」レイヤーが作成されます❺。

2. グラデーションツールを選択します❶。オプションバーのグラデーションボックスの右の▼をクリックして❷、グラデーションを選択します（ここでは［描画色から透明に］を選択）❸。グラデーションの種類に［線形グラデーション］を選択します❹。

モード：描画モードを選択
不透明度：不透明度を設定
逆方向：グラデーションの向きを逆にする
ディザ：滑らかなグラデーションにする（通常はチェックを付ける）
透明部分：不透明部分を設定したグラデーションで塗るときにはチェックを付ける

3. 画面の左上から右下に向けてドラッグします❶。ドラッグした範囲を始点と終点としてグラデーションで塗られます❷。新規レイヤーを作成したので、元の「レイヤー1」レイヤーはそのまま残っています❸。

Point

グラデーションのスタイル

グラデーションは、下記の5つのスタイルを選択できます。

線形　　円形　　角度　　反射　　菱形

171

グラデーションを編集する

第6章 カラー設定と塗りつぶし

127

グラデーションは、プリセットされたものだけでなく、自由に作成したり編集したりできます。複数色のグラデーションや、徐々に透明になるグラデーションも作成できます。

グラデーションを作成する

1 グラデーションツールを選択します❶。オプションバーのグラデーションボックスをクリックすると❷、[グラデーションエディター]ダイアログボックスが表示されます。ここでグラデーションを作成・編集できます。グラデーションバーの左下のカラー分岐点をクリックして選択し❸、[カラー]のボックスをクリックします❹。[カラーピッカー（ストップカラー）]ダイアログボックスが表示されるので、任意の色を設定し❺、[OK]をクリックします❻。

2 左側のカラー分岐点の色が変わったので❶、同様に、右側のカラー分岐点をクリックして選択して❷、色を設定します❸。[新規グラデーション]をクリックすると❹、設定したグラデーションがプリセットリストに追加され❺、利用できるようになります。同じ手順で、プリセットで選択したグラデーションを編集できます。

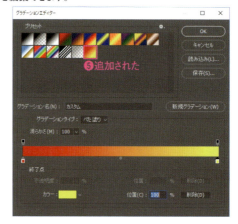

カラー分岐点の設定

1. ［グラデーションエディター］ダイアログボックスでは、グラデーションスライダーのカラー分岐点の位置をドラッグして移動し❶、グラデーションの色の開始位置を設定できます。右下の［位置］に数値入力しても設定できます❷。

2. カラー分岐点を選択すると、隣のカラー分岐点との間に中間点を表す◇が表示され、ドラッグして移動して❶、グラデーションの中間色の位置を変更できます。中間点の位置も、右下の［位置］に数値入力して設定できます❷。

3. カラー分岐点の間をクリックすると❶、新しいカラー分岐点を作成できます。両端のカラー分岐点と同様に、色を設定してください。位置も右下の［位置］に数値入力して設定できます❷。

不透明度の分岐点の設定

1. グラデーションスライダーの上には、不透明度の分岐点が表示されています。クリックして選択し❶、［不透明度］で不透明度を設定すると❷、徐々に透明になるグラデーションに設定できます。

2. 不透明度の分岐点もドラッグして移動して❶、位置を移動できます。右下の［位置］に数値入力しても設定できます❷。右の例では、分岐点までの左側まで徐々に透明になり、分岐点の右側は分岐点で設定した不透明度になります。

3. 不透明度の分岐点の間をクリックすると❶、新しい不透明度の分岐点を作成できます。［不透明度］で不透明度を設定してください❷。

レイヤーをパターンで塗る

128

レイヤー全体をパターンで塗りつぶすには、パターン調整レイヤーを使うか、塗りつぶしコマンドを使います。

第6章 ▶ 128.psd

パターンレイヤーを使う

1 サンプルファイルを開きます❶。レイヤーパネルの［塗りつぶしまたは調整レイヤーを新規作成］をクリックし❷、表示されたメニューから［パターン］を選択します❸。［パターンで塗りつぶし］ダイアログボックスが表示されるので、パターンボックスをクリックして「水平線1」を選択し（なければどれでもかまいません）❹、［比率］を「300」に設定して❺、［OK］をクリックします❻。

［比率］を指定して、パターンのサイズを変更できる

2 指定したパターンで塗りつぶされました❶。レイヤーパネルには、「パターン1」調整レイヤーが作成されます❷。元の「レイヤー1」レイヤーはそのまま残っています❸。

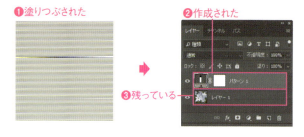

3 レイヤーパネルの「パターン1」を選択し❶、［描画モード］を［除算］に設定します❷。背面画像とパターンが合成されました❸。

塗りつぶしコマンドを使う

1 サンプルファイルを開きます（初期状態からです）❶。レイヤーパネルで［新規レイヤーを作成］をクリックします❷。［レイヤー2］レイヤーが作成されます❸。

2 ［編集］メニュー→［塗りつぶし］を選択します❶。［塗りつぶし］ダイアログボックスが表示されるので、［内容］に［パターン］を選択し❷、［カスタムパターン］のパターンをクリックしてパターン（ここでは［カンバス］ですがどれでもかまいません）を選択します❸。［OK］をクリックすると❹、レイヤーがパターンで塗りつぶされます❺。

［合成］では、レイヤーにある画像に対して、塗りつぶしの合成方法を選択する
描画モード：描画モードを選択
不透明度：不透明度を設定

POINT

スクリプト使った塗りつぶし

［塗りつぶし］コマンドを使ったパターンの塗りつぶしでは、［スクリプト］オプションにチェックを付けると❶、スクリプトを選択できるようになり❷、パターンをさまざまな配置方法で塗りつぶせます❸。

POINT

どちらを使うか

［塗りつぶし］コマンドを使った場合は、パターンを変更するには再度塗りつぶす必要があります。また、調整レイヤーでは［比率］の設定によって、パターンを簡単に拡大・縮小できますが、［塗りつぶし］コマンドを使った場合は、レイヤーに対して拡大・縮小の操作が必要になります。
［塗りつぶし］コマンドには、スクリプトを使った複雑なパターンでの塗りつぶしできるメリットもあります。
用途によって使い分けてください。

パターンを作成する

129

画像の選択範囲から、オリジナルのパターンを作成できます。新しいパターンを作成して、パターンレイヤーで使ってみましょう。

第6章 ▶ 129.psd

1 サンプルファイルを開きます。長方形選択ツール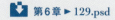を選択し❶、葉っぱをドラッグして囲んで選択します❷。

2 [編集]メニュー→[パターンを定義]を選択します❶。[パターン名]ダイアログボックスが表示されるので、[パターン名]にパターンの名称（ここでは「葉っぱ」）を入力し❷、[OK]をクリックします❸。

3 Ctrlキーと D キーを押して、選択を解除します❶。レイヤーパネルの［塗りつぶしまたは調整レイヤーを新規作成］をクリックし❷、表示されたメニューから［パターン］を選択します❸。［パターンで塗りつぶし］ダイアログボックスが表示されるので、パターンに作成した「葉っぱ」を選択し❹、[OK]をクリックします❺。作成した葉っぱのパターンで塗られました❻。

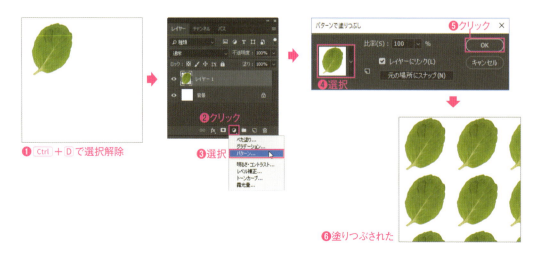

176　　Macでは、キーは次のようになります。　Ctrl → ⌘　　Alt → option　　Enter → return

パターン調整レイヤーの開始位置を変更する

130

パターン調整レイヤーでは、パターンの比率や開始位置を調整できます。作例を使って位置を変更してみましょう。

第6章 ▶ 130.psd

1 サンプルファイルを開きます❶。このファイルには、パターン調整レイヤーである「パターン1」レイヤーを使ってパターンで塗りつぶしています。レイヤーパネルの「パターン1」調整レイヤーの[レイヤーサムネール]をダブルクリックします❷。

2 [パターンで塗りつぶし]ダイアログボックスが表示されるので、[比率]を「65」に設定します❶。パターンが小さくなったプレビューが表示されます❷。

3 プレビューされた画像をドラッグして、パターンの開始位置を調整します❶。開始位置が決まったら[OK]をクリックして❷、[パターンで塗りつぶし]ダイアログボックスを閉じます。

カラー設定を理解する

131

カラー設定とは、色域についての設定です。Photoshopの作業で使用する色域を設定し、画像の持つ色域が作業用の色域と異なったときの対応も設定します。

画像のピクセルの色は、RGBモードでは「R=60、G=40、B=20」、CMYKモードでは「C=80、M=40、Y=10、K=0」のように、構成する色ごとの値で決められます。

ただし、RGBの値が「R=60、G=40、B=20」というピクセルがどんな環境でも同じ色を表すとは限りません。それが色域との関係です。たとえば、RGBモードでよく使われる色域として「sRGB」と「Adobe RGB」があります。「sRGB」に比較して「Adobe RGB」のほうが色域が広くなります。

画像の色の値がどの色域なのかを決めるのがICCカラープロファイルで、画像ファイルに埋め込まれているのが一般的です。

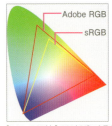

「Adobe RGB」と「sRGB」の違いを示すイメージ図

[編集]メニュー→[カラー設定]で表示される[カラー設定]ダイアログボックスでカラーの設定を行います。[作業用スペース]では、Photoshopで作業するときのカラーモードごとの色域（カラープロファイル）を設定します❶。[作業用スペース]の設定と、Photoshopで開く画像に埋め込まれているカラープロファイルが異なった場合、どちらを使うかを決めるのが[カラーマネジメントポリシー]です❷。[変換オプション]では、プロファイルが異なるときに、変換する際の変換方法を設定します❸。

これらの設定を組み合わせたものが[設定]から選択できます❹。通常は[一般用-日本2]を選択しておけば問題ありません。

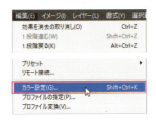

Ⓐ 指定した割合だけ色の彩度を下げてモニタに表示する
Ⓑ RGB画像が背面レイヤー等と合成されるときに、指定した値で合成する
Ⓒ テキストが背面レイヤー等と合成されるときに、指定した値で合成する

POINT

プロファイルの不一致

カラーマネジメントポリシーで[開くときに確認]や[ペーストするときに確認]にチェックを付けると、プロファイルの異なる画像を開いたときに、プロファイルをどうするかを選択するダイアログボックスが表示されます。[作業用スペースの代わりに埋め込みプロファイルを使用]を選択してください。元のプロファイルが保持されます。

カラープロファイルを削除する

132

写真画像にはカラープロファイルが埋め込まれていることが多いのですが、仕事で納品する際にはカラープロファイルを「なし」にすることを求められることもあります。カラープロファイルの削除方法を覚えましょう。

 第6章 ▶ 132.psd

プロファイルを削除する

サンプルファイルを開き、[編集] メニュー→ [プロファイルの指定] を選択します❶。[プロファイルの指定] ダイアログボックスが表示されるので、[このドキュメントのカラーマネジメントは行わない] を選択して❷、[OK] をクリックします❸。これで開いたファイルのプロファイルはなくなります。この状態のまま保存すれば、プロファイルのない状態で保存されます。

保存時に削除する

[ファイル] メニュー→ [名前を付けて保存] を選択して表示される [名前を付けて保存] ダイアログボックスで、[ICCプロファイル] のチェックを外して保存します❶。そうすると、カラープロファイルの付いているファイルも、プロファイルのない状態で保存されます。

POINT

プロファイルの確認

ドキュメントウィンドウの左下のファイルサイズが表示されている右の ▶ をクリックし❶、表示されるメニューから [ドキュメントのプロファイル] を選択すると❷、開いているドキュメントのプロファイルが表示されます。

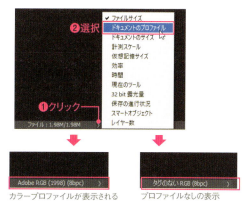

カラープロファイルが表示される　　プロファイルなしの表示

RGB から CMYK にしたい（カラープロファイルの変更）

第6章 カラー設定と塗りつぶし

133

開いているドキュメントのカラープロファイルを変更して、RGB から CMYK へ変更できます。

第6章 ▶ 133.psd

1 サンプルファイルを開きます❶。この画像は RGB モードであることを、タブに表示された名称の横の表示で確認します❷。

2 ［編集］メニュー →［プロファイル変換］を選択します❶。［プロファイル変換］ダイアログボックスが表示されます。［変換後のカラースペース］に、変換後の CMYK のカラープロファイル（ここでは「Japan Color 2001 Coated」）を選択し❷、［OK］をクリックします❸。

3 CMYK のカラープロファイルが適用され、CMYK モードに変わりました❶。

POINT

同一カラーモードでのプロファイル変更

RGB または CMYK のカラーモードを変換せずに、プロファイルだけを変更できます。ただし、色域が変わるので見た目の色が変わることがあります。

描画

Photoshopは、写真画像の色補正や加工だけでなく、絵を描くためのペイントツールとしての機能も持っています。筆圧や傾きを感知するペンタブレットを使用すれば、さまざまな線を描画できます。ここでは、描画系ツールであるブラシの使い方をメインに、フィルターによる描画方法も解説します。

描画するためのツールと使い方を覚える

134

Photoshopには、絵を描くための描画用のツールが用意されています。ここでは、ブラシツールの使い方を覚えるとともに、ほかの描画系ツールの特徴を解説します。新規ドキュメントを作成して作業してください。

ブラシツールでの描画

1 レイヤーパネルで、描画するレイヤーを選択します❶。写真画像などの前面に描画するときなど、誤って元画像を塗りつぶしてしまうことがあるので、必ず描画するレイヤーを確認してください。

2 ブラシツール を選択します❶。オプションバーの[クリックでブラシプリセットピッカーを開く]をクリックし❷、表示されたブラシプリセットピッカーで、ブラシの形状を選択します❸。[直径]でブラシの大きさを設定します❹。[モード]で描画モードを選択し❺、[不透明度]でブラシの不透明度を設定します❻。[流量]で描画時のインクの流量を設定します(数値が大きいほど色が濃く線が太くなります)❼。[滑らかさ]で、線の滑らかさを設定します❽。筆圧感知ペンタブレットを使用するときは、[サイズに筆圧を使用します]をオンにすると❾、筆圧でブラシサイズを調整できます。

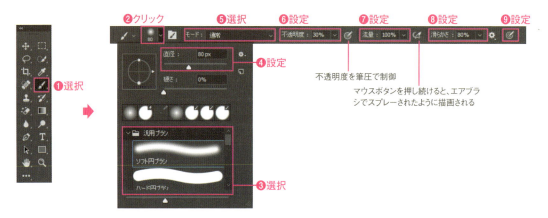

3 カラーパネルなどで、描画色を設定します❶。ドラッグして描画します❷。

POINT

直線を描画する

描画系ツールは、Shiftキーを押しながらクリックすると、クリックした箇所を直線で結んで描画できます。

182　　Macでは、キーは次のようになります。　Ctrl → ⌘　　Alt → option　　Enter → return

鉛筆ツールでの描画

鉛筆ツール ✎ は、ブラシツール ✎ と同じ手順で描画するツールです。[硬さ]の設定がないため常にエッジのはっきりした線を描画できます。ぼかしのないエッジの処理などに使うことが多いです。

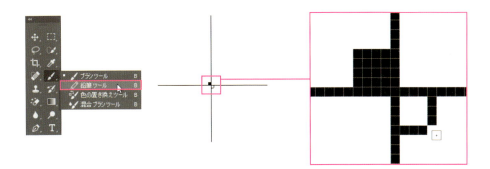

消しゴムツールでの描画

消しゴムツール ⌫ は、ブラシツール ✎ と同じ手順で描画するツールで、選択したレイヤーのピクセルを消去するツールです。ピクセルのない部分を作成するのに使用しますが、元画像を消去するので使用するときはレイヤーのコピーを作成するなど、元に戻せるようにしてから使うことを心がけてください。

元画像　　　　　　　　　　　　　　　　　ドラッグして消去

POINT

背景レイヤーでの使用

消しゴムツール ⌫ は、背景レイヤーで使用すると、ドラッグした箇所は透明にならず、背景色で塗られます。

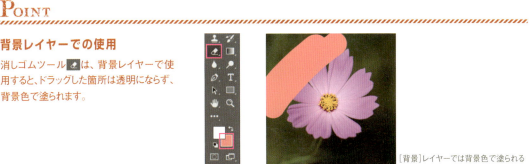

[背景]レイヤーでは背景色で塗られる

色調を置き換えながら塗る

135

色の置き換えツールを使うと、画像の色を置き換えながらペイントできます。非破壊編集ではないので、元画像のレイヤーのコピーを作成しておくことをお勧めします。

📷 第7章 ▶ 135.psd

1 サンプルファイルを開き❶、色の置き換えツール を選びます❷。カラーパネルなどで、描画色（ここでは R=242、G=229、B=28）を設定します❸。

2 オプションバーで、[モード]❶、[サンプル]❷、[制限]❸、[許容値]❹等を設定し、色を置き換えたい部分をドラッグしてペイントします❺。画像の色が置き換えられます。

モード： 描画モードを[色相][彩度][カラー][輝度]から選択する
サンプル： [継続]はドラッグしたカラーが連続的に置き換えられる
　　　　　[一度]は、ドラッグを開始した領域だけが置き換えられる
　　　　　[背景のスウォッチ]は、背景色を含む領域だけが置き換えられる
制限： [隣接されていない]は、カーソルの下のサンプルした色を置き換える
　　　 [隣接]は、カーソルの下と隣接している色が置き換えられる
　　　 [輪郭検出]は、サンプルした色を含む隣接領域を置き換える
許容値： 色を置き換える範囲を指定する。数値が大きいほど広い色の範囲が置き換わる

混合ブラシツールで色を混ぜて塗る

136

混合ブラシツールを使うと、元の画像の色を混ぜながらペイントしたり、指定した色と元画像の色を混ぜながらペイントしたりできます。

第7章 ▶ 136.psd

1 サンプルファイルを開き❶、混合ブラシツールを選びます❷。レイヤーパネルで、[元画像]レイヤーを選択します❸。カラーパネルなどで、描画色（ここではR=110、G=213、B=243）を設定します❹。

❶開く　❷選択　❸選択　❹描画色を設定

2 オプションバーで[各ストローク後にブラシカラーを補充]をオフに設定し❶、プリセットに[ミディアムウェット]を選択します❷。適当なブラシサイズで、ふたつの色を混ぜるようにドラッグします。[各ストローク後にブラシカラーを補充]がオフなので、元の色が混ざり合います❸。

❶オフ　❷選択

にじみ：　色の混合する度合いを設定。数値が大きいほど混合する
補充量：　ブラシの色の補充量を設定。数値が小さいとストロークが短くなる
ミックス：　描画色と元の色の混合比率を設定。数値が小さいほど描画色の比率が高い

❸ドラッグすると元の色が混ざる

3 オプションバーで[各ストローク後にブラシカラーを補充]をオンに設定し❶、ふたつの色を混ぜるようにドラッグします❷。[各ストローク後にブラシカラーを補充]がオンなので、描画色と元の色が混ざり合います❸。

❶オン　❷ドラッグ　❸描画色と元の色が混ざる

[全レイヤーを対象に]チェックを付けると、すべてのレイヤーの色を対象に混合される

ブラシの大きさを設定する

137

ブラシツールなどの描画系ツールでは、ブラシのサイズを設定できます。描画する内容に応じて、適宜任意のサイズを設定してください。
ここでは、新規ドキュメントを作成して作業してください。

オプションバーでの設定

描画系の任意のツールを選択します❶。オプションバーの[クリックでブラシプリセットピッカーを開く]をクリックし❷、表示されたブラシプリセットピッカーの[直径]でブラシの大きさを設定します❸。数値指定しても、スライダーをドラッグしてもかまいません。サイズを選択して、ドラッグして描画すると、設定した直径の線となります❹。

知っておきたいブラシの大きさの変更方法

1 描画系ツールを選択しているときは、キーボードショートカットでブラシの大きさを変更できます。ただし、ピクセル単位での設定はできません。また、日本語入力モードだと使えないので、日本語入力をオフにしてください。
　[]]キー　　ブラシの直径を大きく
　[[]キー　　ブラシの直径を小さく

2 描画系ツール選択時に、右クリックすると❶、その場でブラシプリセットピッカーを開き❷、ブラシの直径を設定できます。細かな直径サイズを指定する際に便利です。ブラシの硬さも設定できます。

ブラシの硬さ（ぼけ足）を設定する

138

ブラシツールなどの描画系ツールでは、ブラシの硬さ（ぼけ足）を設定できます。硬さを「0」に設定すると、エッジがぼけて柔らかな線になり、「100」にするとエッジのはっきりした線になります。新規ドキュメントを作成して作業してください。

オプションバーでの設定

描画系ツールを選択します❶。オプションバーの［クリックでブラシプリセットピッカーを開く］をクリックし❷、表示されたブラシプリセットピッカーの［硬さ］でブラシの硬さを設定します❸。数値指定しても、スライダーをドラッグしてもかまいません。ドラッグして描画すると、設定した硬さの線となります❹。

よく使う硬さはツールプリセットに登録

よく使うブラシの硬さは、ツールプリセットに登録しておくと便利です。オプションバーのツールプリセットのアイコンをクリックし❶、表示されたツールプリセットのリストから［新規ツールプリセットを作成］をクリックします❷（CC2018では「代わりにブラシプリセットを作成しますか」のダイアログボックスが表示されるので「いいえ」をクリック）。［新規ツールプリセット］ダイアログボックスが表示されるので、［OK］をクリックします❸。ブラシがツールプリセットに登録され❹、選択するだけで利用できます。硬さだけでなくブラシの直径も登録されるので、使用時は適宜直径を変えて利用してください。

POINT

描画系ツールを選択しているときは、キーボードショートカットでブラシの硬さを25％刻みで変更できます。また、日本語入力モードだと使えないので、日本語入力をオフにしてください。

Shift +] キー　ブラシの硬さを硬く
Shift + [キー　ブラシの硬さを柔らかく

ブラシツールの［滑らかさ］で手ぶれを補正する

139

CC2018のブラシツールのオプションとして追加された［滑らかさ］は、ペンタブレットなどの手描きで線を描画する際に、手ぶれによる線のスムーズさを補正します。

第7章 ▶ 139.psd

1 サンプルファイルを開きます❶。下絵が表示されます。レイヤーパネルで、描画するレイヤーとして「レイヤー2」レイヤーを選択します❷。ブラシツール を選択します❸。

2 オプションバーの［クリックでブラシプリセットピッカーを開く］をクリックし❶、表示されたブラシプリセットピッカーで、［汎用ブラシ］の［ハード円ブラシ］を選択し❷、［直径］を［30px］に設定します❸。［モード］を［通常］❹、［不透明度］を「100％」❺、［流量］を「100％」❻、［滑らかさ］を「0％」に設定します❼。カラーパネルなどで、描画色（ここではR=236、G=109、B=129）を設定します❽。下絵をなぞって描画します（ここではペンタブレットを使用していますが、マウスでもかまいません）❾。［滑らかさ］が「0％」なので、CC2017以前と同じストロークになり、スムーズな線ではありません。

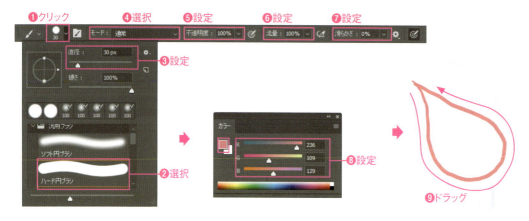

3 Ctrlキーとzキーを押して描画を取り消し❶、今度は［滑らかさ］を「50％」に設定して❷、描画します❸。線が滑らかになります。

Macでは、キーは次のようになります。　Ctrl → ⌘　Alt → option　Enter → return

ブラシのプリセットに以前のブラシを読み込む

140

CC2018から、ブラシパネルのプリセットはフォルダーで管理できるようになりました。また、プリセットも新しくなりました。以前のプリセットを利用するには、レガシーブラシを読み込む必要があります。

1 ブラシツール などの描画系ツールでは、オプションバーのブラシプリセットピッカーで、プリセットされたブラシを選択できます❶。これらのプリセットブラシは、ブラシパネル（CC2017以前はブラシプリセットパネル）に表示され管理できます❷。

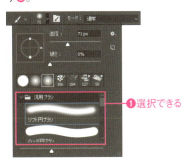

❶選択できる

❷プリセットが表示され管理にできる

CC2018からは、プリセットブラシをフォルダー管理できる

2 CC2017以前のプリセットブラシを使うには、ブラシパネルメニューの[レガシーブラシ]を選択します❶（[変換済みレガシーツールプリセット]でも以前のブラシが追加されます）。ダイアログボックスが表示されるので、[OK]をクリックします❷。[レガシーブラシ]として追加され❸、フォルダーを展開すれば、以前のブラシを選択して利用できます❹。

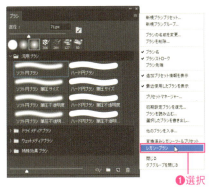

❶選択

❷クリック

❸追加された

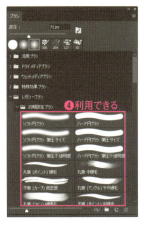

❹利用できる

第7章 描画

141 ブラシの形状を設定する

ブラシ設定パネル（CC2017以前はブラシパネル）では、ブラシの形状の詳細な設定が可能です。プリセットブラシの設定を変更して利用することも可能です。設定項目がたくさんありますが、知っておくと便利なので、目を通しておくといいでしょう。

ブラシ設定パネルでの設定

ブラシ設定パネル（CC2017以前は、ブラシパネル）ではブラシの形状などを詳細に設定できます。筆圧感知タブレットを使う場合は、タブレットの筆圧や角度などによって制御できる項目もあります。左側のリストで、設定する項目にチェックを付けて右側のパネルで設定してください。設定したブラシのストロークはパネルの下部に表示されるので、どのような線になるかを確認できます。

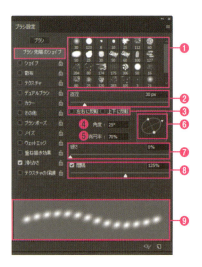

ブラシ先端のシェイプ
ブラシの形状を設定する
ブラシの種類によって設定項目が異なる

❶ブラシのプリセットを選択
❷ブラシの直径を設定
❸ブラシの形状を反転するにはチェックを付ける
❹ブラシの角度を設定
❺ブラシの真円率を設定
❻角度と真円率のプレビュー。ここでドラッグして変更も可能
❼ブラシの硬さを設定
❽ブラシ形状の描画間隔を設定
❾設定したブラシのストロークのプレビューを表示

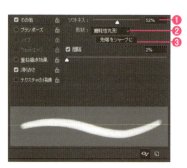

ブラシ先端のシェイプ（摩耗性先端ブラシ）
鉛筆やクレヨンなどのように、描画につれて自然に摩耗するブラシの設定

❶摩耗の速さを設定する
❷先端の形状を選択する
❸クリックして先端を元のシャープさに戻す

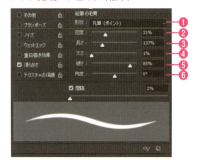

ブラシ先端のシェイプ（絵筆）

❶絵筆の形状を選択
❷毛の密度を設定
❸毛の長さを設定
❹毛の太さを設定
❺毛の硬さを設定
❻毛の角度を設定

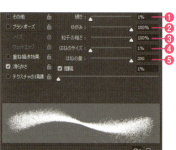

ブラシ先端のシェイプ（エアブラシ先端）
エアブラシ系のブラシの設定

❶ぼかしの開始位置を設定する
❷変形量を設定する
❸粒子の粗さを調整する
❹とびはねるはねのサイズを設定する
❺とびはねるはねの数を設定する

シェイプ

ブラシの直径、角度、真円率を変化させるときの設定
チェックを付けて右側の項目で設定する

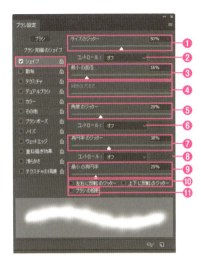

❶ブラシの直径の変化量を設定する
❷ブラシの直径の変化量を筆圧等で制御するときに制御する方法を選択
❸ブラシの直径の最小値を設定
❹ブラシサイズを傾きで制御する際、傾きによる変化量を設定
❺ブラシの角度の変化量を設定する
❻ブラシの角度の変化量を筆圧等で制御するときに制御する方法を選択
❼ブラシの真円率の変化量を設定する
❽ブラシの真円率の変化量を筆圧等で制御するときに制御する方法を選択
❾ブラシの真円率の最小値を設定
❿チェックを付けると、ブラシの形状がランダムに左右または上下に反転する
⓫チェックを付けると、ペンの傾きや角度に応じて形状を変化させる

［ソフト円ブラシ］にサイズのジッターを設定しコントロールを筆圧で描画

散布

ブラシの形状を散布させるときの設定
チェックを付けて右側の項目で設定する

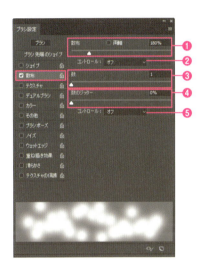

❶ブラシの散布の変化量を設定する設定する。［両軸］をチェックを付けると、ドラッグ方向の前後にも散布する
❷ブラシの散布の変化量を筆圧等で制御するときに制御する方法を選択
❸ブラシの散布数を設定する
❹ブラシの散布数の変化量を設定する
❺ブラシの散布数の変化量を筆圧等で制御するときに制御する方法を選択

［ソフト円ブラシ］に［散布］を「300％」で描画

テクスチャ

ブラシのストロークにパターンのテクスチャを使用するときに設定
チェックを付けて右側の項目で設定する

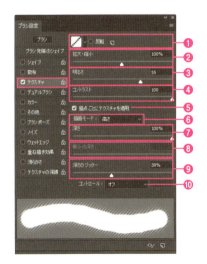

❶使用するパターンを選択。［反転］にチェックを付けるとパターンが反転する
❷パターンの拡大・縮小率を設定
❸パターンの明るさを設定
❹パターンのコントラストを設定
❺チェックを付けると、1回の描点ごとにパターンで描画する
❻描画モードを設定
❼線とパターンの割合を設定する。数値が大きいとパターンの割合が大きくなる
❽ブラシの深さの最小値を設定する
❾ブラシの深さの変化量を設定する
❿ブラシの深さの変化量を筆圧等で制御するときに制御する方法を選択

［ソフト円ブラシ］に斜めラインのパターンを設定。［モード］を［高さ］、［深さ］を「8」で描画

第7章 描画

191

デュアルブラシ

ふたつのブラシの形状を重ねたストロークにするときの設定。ふたつめのブラシは、メインのブラシに重なって適用される
チェックを付けて右側の項目で設定する

❶ふたつのブラシの描画モードを設定する
❷ふたつめのブラシの形状を選択
❸ふたつめのブラシの直径を設定
❹ふたつめのブラシの間隔を設定
❺ふたつめのブラシの散布間隔を設定
❻ふたつめのブラシの散布数を設定

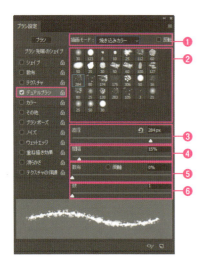

［ソフト円ブラシ］と［ktw はね01］の組み合わせ
［直径］を「80」、［間隔］を「12」に設定

カラー

描画色の色に変化を加えたり、背景色も使って描画するときに設定する
チェックを付けて右側の項目で設定する

❶チェックを付けると1回の描点ごとにランダムに描画色と背景色の混色で塗る
❷描画色と背景色の混在の割合を設定する
❸描画色と背景色の混在割合を筆圧等で制御するときに制御する方法を選択
❹色相の変化量を設定する
❺彩度の変化量を設定する
❻明るさの変化量を設定する
❼色の彩度を増加（減少）度合いを設定する

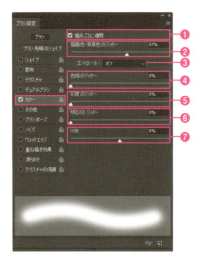

［色相のジッター］を「30％」に設定
ストロークのたびに違う色になる

その他

不透明度やインク流用を変化させるときの設定
チェックを付けて右側の項目で設定する

❶不透明度の変化量を設定する
❷不透明度を筆圧等で制御するときに制御する方法を選択
❸不透明度の最小値を設定する
❹インク流量の変化量を設定する
❺インク流量を筆圧等で制御するときに制御する方法を選択
❻インク流量の最小値を設定する
❼にじむ度合いの変化量を設定する
❽にじむ度合いを筆圧等で制御するときに制御する方法を選択
❾にじむ度合いの最小値を設定する
❿混合ブラシツールのミックスの変化量を設定する
⓫混合ブラシツールのミックスを筆圧等で制御するときに制御する方法を選択
⓬混合ブラシツールのミックスの最小値を設定する

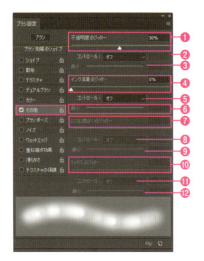

［ソフト円ブラシ］を［不透明度のジッター］を「100％」で描画

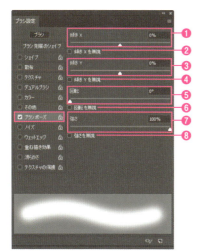

ブラシポーズ
ペンタブレットの傾きの設定
チェックを付けて右側の項目で設定する

❶左から右への横方向のブラシの傾斜角度を設定する
❷チェックを付けると［傾きX］の設定を無視する
❸前から後ろへのブラシの傾斜角度を設定する
❹チェックを付けると［傾きY］の設定を無視する
❺回転角度を設定する
❻チェックを付けると［回転］の設定を無視する
❼強さを設定する
❽チェックを付けると［強さ］の設定を無視する

通常のストローク

［傾きXを無視］にチェックを付ける

［傾きXを無視］と［傾きYを無視］にチェックを付ける

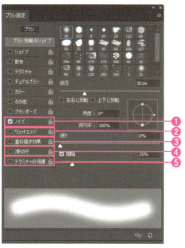

❶**ノイズ**
ブラシストロークにノイズを追加する

❷**ウェットエッジ**
水彩画のようにストロークのエッジをにじませる

❸**重ね描き効果**
マウスボタンを押し続けると、エアブラシでスプレーされたように描画される。オプションバーの［スプレー効果］と連動

オン

オフ

❹**滑らかさ**
ブラシで描画したストロークを滑らかにする。オフにすると、オプションバーの［滑らかさ］もオフになる

❺**テクスチャの保護**
テクスチャを設定したブラシに同じパターンおよび拡大縮小率を適用する

ブラシ設定パネルの設定を消去する

ブラシ設定パネルメニューから［ブラシ設定を消去］を選択します❶。ブラシ設定パネルであとから追加した設定がすべて消去されます❷。

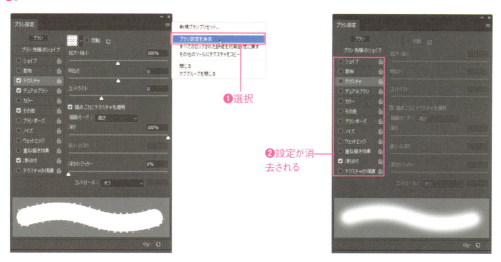

❶選択

❷設定が消去される

第7章 描画

193

オリジナルのブラシを作成する

142

Photoshopでは、画像を使って、オリジナルのブラシを作成できます。元画像は黒と白であればかまわないので、シェイプ等を使って自由に作成してください。

第7章 ▶ 142.psd

1 サンプルファイルを開きます。長方形選択ツール ▭ を選択し❶、サンプルファイルの画像を囲むようにドラッグして選択します❷。この範囲が、ブラシの形状になります。

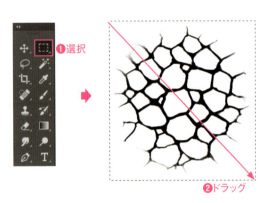

POINT

ブラシ画像は黒で作成
ブラシの元となる画像は、黒で描画してください。

2 ［編集］メニュー→［ブラシを定義］を選択します❶。［ブラシ名］ダイアログボックスが表示されるので、ブラシ名を入力し❷、［OK］をクリックします❸。ブラシパネル（CC 2017以前はブラシプリセットパネル）にブラシが追加されます❹。このまま選択して、ブラシツール 🖌 などで描画できます。

3 ブラシの形状を編集してみましょう。ブラシ設定パネル（CC 2017以前はブラシパネル）を開き、［シェイプ］を選択してチェックを付けます❶。［角度のジッター］を「20％」❷、［左右に反転のジッター］と［上下に反転のジッター］にチェックを付けます❸。［ブラシ先端のシェイプ］を選択し❹、［間隔］を「95％」に設定します❺。

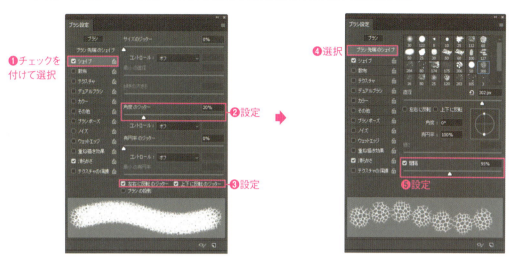

4 カラーパネルなどで描画色を設定し❶。ドラッグして描画します❷。必要に応じて、ブラシ設定パネルで設定を変更してください。

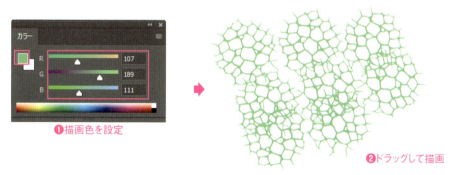

5 設定が気に入ったらブラシプリセットに登録しておきましょう。ブラシ設定パネルメニュー（CC 2017以前はブラシパネルメニュー）から［新規ブラシプリセット］を選択します❶。［新規ブラシ］ダイアログボックスが表示されるので、ブラシ名を入力し❷、［OK］をクリックします❸。ブラシパネル（CC 2017以前はブラシプリセットパネル）に追加されました❹。

第7章 描画

195

143 ブラシで塗った部分を透明にする

背景消しゴムツールを使うと、一部の色を残しながら、ピクセルを消去して透明にできます。また、マジック消しゴムツールを使うと、ワンクリックで背景を消去できます。どちらのツールも非破壊編集ではないので、元レイヤーのコピーを作成して利用してください。

第7章 ▶ 143.psd

背景消しゴムツールを使う

1 サンプルファイルを開きます❶。レイヤーパネルを開き、画像が［背景］レイヤーにあることを確認します❷。

2 背景消しゴムツール を選択します❶。オプションバーで、適当なブラシを選択します❷。［サンプル］を［一度］に設定し❸、［制限］を［隣接］❹、［許容値］を「50％」に設定します❺。花の外側の背景の部分からドラッグすると❻、背景の色の近似色部分だけが消去されて透明になります❼。また、レイヤーは［背景］でしたが、透明部分ができたので通常の「レイヤー0」レイヤーになります❽。

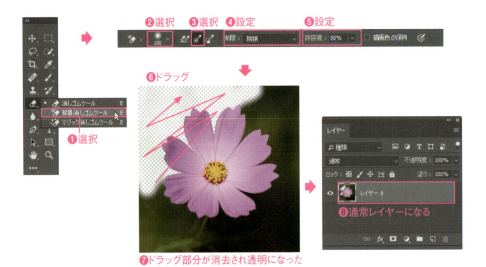

196　Macでは、キーは次のようになります。　Ctrl → ⌘　Alt → option　Enter → return

POINT

背景消しゴムツール のオプションバーの設定

サンプル： ［継続］は、ドラッグ中のカーソルのある部分の色をサンプルして消去する
　　　　　［一度］は、ドラッグを開始した部分の色をサンプルして消去する
　　　　　［背景のスウォッチ］は、背景色の近似色を消去する
制限： 　　［隣接されていない］は、ブラシの内側にある色だけが消去される
　　　　　［隣接］は、サンプルした色を含んでいる隣接領域が消去される
　　　　　［輪郭検出］は、境界線のシャープさを保持しながら、サンプルした色を含んでいる隣接領域を消去する
許容値： 　消去する色の領域を設定する。数値が低いと、サンプルした色に近い色だけが消去され、数値が大きいと、消去される色の範囲が広くなる

マジック消しゴムツールを使う

1 サンプルファイルを開きます（初期状態に戻してください）。マジック消しゴムツール を選択します❶。オプションバーで［許容値］を「32」❷、［アンチエイリアス］にチェックを付け❸、［隣接］のチェックを外します❹。

許容値：消去する色の領域を設定する。数値が低いと、サンプルした色に近い色だけが消去され、数値が大きいと、消去される色の範囲が広くなる

2 消去したい部分をクリックします❶。クリックした箇所の近似色部分が消去されます❷。レイヤーは［背景］でしたが、透明部分ができたので通常の「レイヤー0」レイヤーになります❸。

第7章 描画

197

描画できる範囲を制限する

144

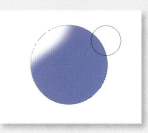

選択範囲を作成すると、描画する範囲を制限できます。ここでは、簡単な選択範囲を作成し、ブラシでペイントしてみて描画範囲が制限されることを確認しましょう。

第7章 ▶ 144.psd

1 サンプルファイルを開き、選択ツール（ここでは楕円形選択ツール ）を選びます❶。オプションバーでぼかしを「0px」❷、[アンチエイリアス]にチェックを付け❸、ドラッグして選択範囲を作成します❹。

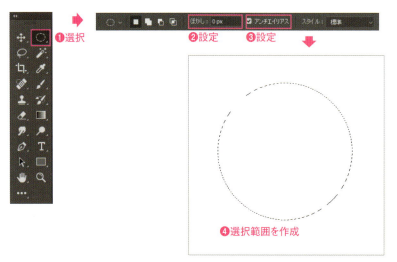

ここでは、図のような設定で選択範囲を作成しているが、どのような設定で作成してもかまわない

2 ブラシツール を選択し❶、ドラッグして描画します（ブラシの種類、描画色、サイズは任意）❷。描画範囲が選択範囲内に限定されることを確認してください。

選択範囲ではなく、レイヤーマスクを使用して見える範囲を制限することもできる

図形をピクセルで描画する

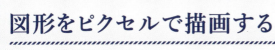

長方形ツールや楕円形ツールを使うと、図形をピクセルで描画できます。

第7章 ▶ 145.psd

1 サンプルファイルを開き、長方形ツール□を選びます❶。オプションバーで[ピクセル]を選択します❷。そのほかのオプションを設定します(ここでは[モード]を[通常]、[不透明度]を[100%]、[アンチエイリアス]にチェックを付ける)❸。カラーパネルなどで、描画色を設定し❹、レイヤーパネルで描画するレイヤーを選択します(ここでは「レイヤー1」レイヤー)❺。

2 任意のサイズにドラッグします❶。ドラッグしたサイズの長方形がピクセルで作成されます❷。

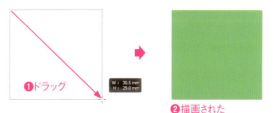

3 レイヤーパネルで[背景]レイヤーを非表示にします❶。「レイヤー1」レイヤーの図形の外部は透明であることを確認します❷。

POINT

長方形ツール□のサブツールから、ほかの形状のシェイプを作成できます。
角丸長方形ツール□:角丸長方形
楕円形ツール◯:楕円形
多角形ツール◯:多角形(星形)
ラインツール/:直線
カスタムシェイプツール☆:ハートなどのカスタムシェイプ

簡単に木を描く

146

フィルターメニューの[木]を使うと、リアルな木の画像を簡単に描画できます。木の種類も豊富で、パラメーターの設定で枝の長さや葉の量やサイズなども変更できます。

📥 第7章 ▶ 146.psd

1 サンプルファイルを開きます。レイヤーパネルで「レイヤー1」レイヤーを選択します❶。

2 [フィルター]メニュー→[描画]→[木]を選択します❶。

3 [木]ダイアログボックスが表示されるので、[ベースとなる木の種類]から木の種類を選択します(ここでは[19:島トネリコ])❶。プレビューを見ながら、葉の量やサイズ、枝の高さなどを設定し❷、[OK]をクリックします❸。カンバスいっぱいに木が描画されます❹。

Macでは、キーは次のようになります。　Ctrl → ⌘　　Alt → option　　Enter → return

第7章 描画

147 簡単に炎を描く

フィルターメニューの［炎］を使うと、パスを元にリアルな炎を簡単に描画できます。パラメーターの設定で、炎の長さや幅も変更できます。

⬇ 第7章 ▶ 147.psd

1 サンプルファイルを開きます。ペンツール を選択し❶、オプションバーで［パス］を選択します❷。画像の下部の左外側で1点目をクリックし❸、右外側を Shift キーを押しながら2点目をクリックします❹。 Enter キーを押して描画を終了し❺、直線のパスを作成します。パスパネルで、［作業用パス］を選択します❻。

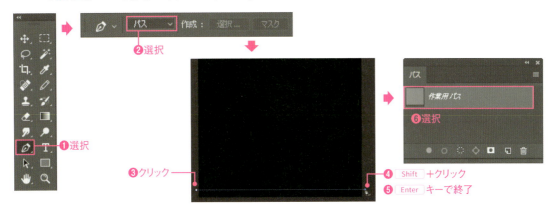

2 レイヤーパネルで「レイヤー1」レイヤーを選択します❶。［フィルター］メニュー→［描画］→［炎］を選択します❷。［炎］ダイアログボックスが表示されるので、［炎の種類］で［複数の炎（指定したパス）］を選択します❸。プレビューを見ながら長さや幅を設定し❹、［OK］をクリックします❺。選択したパスからカンバスいっぱいに炎が描画されます❻。

画像にフレームを付ける

148

フィルターメニューの[ピクチャフレーム]を使うと、フレームを簡単に作成できます。種類もたくさんあり、パラメーターでサイズや色を変更できるので、ちょっとした飾り罫を作成するのに便利です。

第7章 ▶ 148.psd

1 サンプルファイルを開きます❶。レイヤーパネルで「レイヤー3」レイヤーを選択します❷。

2 [フィルター]メニュー→[描画]→[ピクチャフレーム]を選択します❶。

3 [フレーム]ダイアログボックスが表示されるので、[フレーム]からフレームの種類を選択します(ここでは[17:シンプルなレース])❶。プレビューを見ながら、マージンやサイズなどを設定し❷、[OK]をクリックします❸。カンバスサイズに合わせてフレームが描画されます❹。

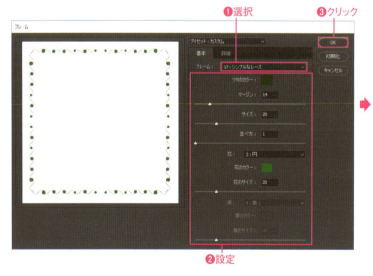

❹描画された

カンバスを模様で塗りつぶす

149

フィルターメニューの[雲模様]や[ファイバー]を使うと、カンバス全体を模様で塗りつぶせます。背景画像の素材や、テクスチャ素材などにも利用できるので便利です。

第7章 ▶ 149.psd

1 サンプルファイルを開きます。ツールパネルの[描画色と背景色を初期設定に戻す]をクリックして描画色と背景色を初期設定に戻します❶。レイヤーパネルで「レイヤー1」レイヤーを選択します❷。

❶クリック

❷選択

2 [フィルター]メニュー→[描画]→[雲模様1]を選択します❶。「レイヤー1」レイヤーが雲模様で塗りつぶされました❷。用途に応じて、さらにフィルターを適用して画像を編集してください。

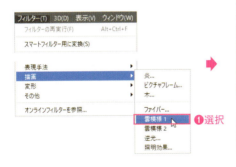
❶選択

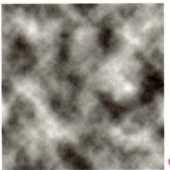
❷塗りつぶされた

[雲模様1]、[雲模様2]、どちらも同じような模様で塗りつぶせる。塗りつぶしには、描画色と背景色が使用される

POINT

[ファイバー]で塗りつぶす

[フィルター]メニュー→[描画]→[ファイバー]を使うと、直線的な模様で塗りつぶせます。
[ファイバー]ダイアログボックスが表示されるので、パラメーターを設定してください。
塗りつぶしには、描画色と背景色が使用されます。

逆光のフレアを描画する

150

フィルターメニューの[逆光]を使うと、逆光のフレアを描画できます。実際にはフレアのない画像にも、リアルな逆光を描画できます。ピクセルのあるレイヤーで利用してください。

第7章 ▶ 150.psd

1 サンプルファイルを開きます❶。レイヤーパネルで[雲模様＋三角形]レイヤーを[新規レイヤーを作成]❷にドラッグして❷、[雲模様＋三角形のコピー]レイヤーに複製して選択します❸。

2 [フィルター]メニュー→[描画]→[逆光]を選択します❶。

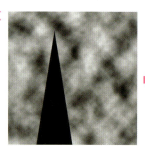

3 [逆光]ダイアログボックスが表示されます。[明るさ]で明るさを調整し❶、プレビューの[＋]をドラッグして光輪の中央を設定します❷。[OK]をクリックすると❸、選択したレイヤーに逆光が描画されます❹。

POINT

[照明効果]を使う

[フィルター]メニュー→[描画]→[照明効果]を使うと、部分的に照明が当たったように描画できます。
[照明効果]モードが表示されるので、プレビューで、照明の中心や、照明のサイズを設定してください。

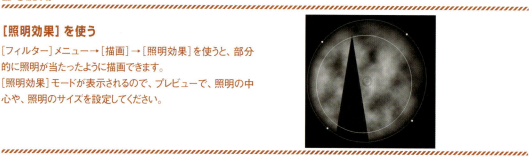

画像の一部を
マスクする

Photoshopでの画像制作において、画像の一部を表示したいことがあります。レイヤーマスクを使うと、元の画像を消去せずに見せたい部分だけを表示できます。本章ではレイヤーマスクについて解説します。

第8章

レイヤーマスクを理解する

第8章 画像の一部をマスクする

151

Photoshopにおいて、画像の一部だけを表示するレイヤーマスクは、元の画像を残したまま見た目を変える非破壊編集の基本機能です。しっかり理解して使いこなしてください。

第8章 ▶ 151.psd

レイヤーマスクとは

レイヤーマスクとは、レイヤーの画像に対して、非表示にする部分を定義したマスク機能のことです。
選択範囲を作成後、レイヤーパネルの[レイヤーマスクを追加]（「背景」レイヤーでは[マスクを追加]）をクリックすると、選択した範囲だけが表示され、そのほかの部分はマスクされて非表示となります。マスクされて非表示になっているだけなので、元画像の非表示部分が消去されたわけではありません。

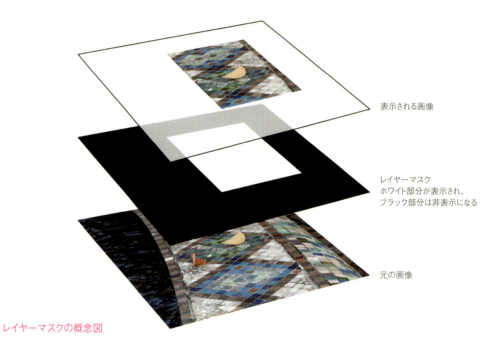

表示される画像

レイヤーマスク
ホワイト部分が表示され、
ブラック部分は非表示になる

元の画像

レイヤーマスクの概念図

レイヤーパネルの表示

レイヤーマスクを作成すると、レイヤーパネルにはレイヤーマスクサムネールが表示され❶、表示部分はホワイト、マスクされている非表示部分はブラックで表示されます。選択範囲を作成せずに、レイヤーマスクだけを作成し、あとからレイヤーマスクを編集することもできます。

❶レイヤーマスクサムネール

レイヤーマスクのあるレイヤーでの編集

レイヤーマスクを作成したレイヤーでは、レイヤーパネルの画像サムネールをクリックすると❶、画像の編集が可能になります。画像はマスクされた状態で表示されますが、実際には画像全体を編集できます。

レイヤーマスクサムネールをクリックすると❷、レイヤーマスクの編集モードとなり、ブラシツールなどでマスク範囲を調整できます。ただし、画像の表示に変化はありません。ホワイトでペイントした範囲は表示され、ブラックでペイントした範囲はマスクされて非表示になります。

レイヤーマスクサムネールを Alt キーを押しながらクリックすると❸、マスクに使われているグレースケールのレイヤーマスクチャンネルが表示されます。また、Shift キーと Alt キーを押しながらクリックすると❹、マスク部分が半透明で表示されます。

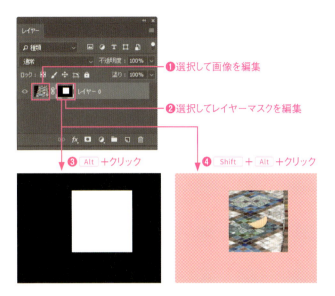

レイヤーマスクとレイヤーマスクチャンネル

レイヤーマスクを作成すると、画像をマスクする部分を定義したレイヤーマスクチャンネルが作成されます。レイヤーパネルでレイヤーマスクのあるレイヤーを選択すると、チャンネルパネルにレイヤーマスクチャンネルが表示されます❶。レイヤーマスクチャンネルだけを表示すると❷、グレースケールの表示になります❸。

レイヤーマスクチャンネルは、グレースケールのレイヤーマスク制御用チャンネルで、ホワイトの部分は表示、ブラックの部分は非表示、グレーの中間色部分は濃度に応じた半透明表示になります。レイヤーパネルで、レイヤーマスクサムネールを選択してレイヤーマスクを編集することは、レイヤーマスクチャンネルを編集することです。通常は、レイヤーマスクを使ううえで、レイヤーマスクチャンネルを意識する必要はありませんが、知識として覚えておきましょう。

属性パネル

レイヤーパネルのレイヤーマスクサムネールをクリックして選択すると、属性パネルにはマスクの設定が表示され、レイヤーマスクの濃度やぼかしなどを設定できます。また、調整機能により、選択範囲の作成と同様に、境界線の調整や、色域指定によるマスク範囲の調整が可能です。

属性パネル

207

レイヤーマスクを作成する

第8章 画像の一部をマスクする

152

レイヤーマスクを作成するには、選択範囲が必要です。ここでは、簡単な選択範囲を作成してから、レイヤーマスクを作成してみましょう。

第8章 ▶ 152.psd

1 サンプルファイルを開き、長方形選択ツール ▭ を選びます❶。画像内で表示したい部分をドラッグして選択して、選択範囲を作成します❷。レイヤーパネルの［マスクを追加］▣をクリックします❸。

❶選択
❷ドラッグして選択範囲を作成
❸クリック

2 選択範囲からレイヤーマスクが作成され、選択範囲部分だけが表示されます❶。レイヤーパネルには、レイヤーマスクサムネールが表示され、どの部分が表示され（白の部分が表示）どの部分がマスクされているか（黒の部分が非表示）がわかるようになっています❷。また、背景レイヤーは、レイヤーマスクが作成されたので、通常レイヤーになります❸。

❶レイヤーマスクが適用された
❷レイヤーマスクサムネールが表示される
❸通常レイヤーになる

208　　　Macでは、キーは次のようになります。　Ctrl → ⌘　Alt → option　Enter → return

レイヤーマスクを編集する

153

レイヤーマスクのあるレイヤーは、レイヤーマスクサムネールを選択すると、レイヤーマスクの範囲を編集できます。サンプルを使って簡単に実践してみましょう。

第8章 ▶ 153.psd

1 サンプルファイルを開きます❶。レイヤーパネルで、レイヤーマスクサムネールをクリックして選択します❷。

2 ブラシツールを選択し❶、[描画色]を「ブラック」に設定します❷。オプションバーで[直径]を「80px」❸、[硬さ]を「100％」に設定し❹、画像の上でドラッグします❺。ブラックでペイントしたので、マスク部分が広がります。

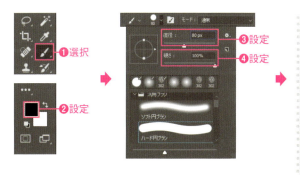

3 [描画色]を「ホワイト」に設定します❶。画像の上でドラッグすると❷、ホワイトでペイントしたので、表示部分が広がります。

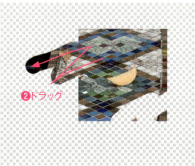

209

レイヤーマスクを反転する

154

レイヤーマスクを作成するときは、選択範囲が必要です。画像によっては、表示部分を選択するよりも、マスクする部分を選択したほうが早いときがあります。そのような場合は、レイヤーマスクを作成したあとに反転します。

第8章 ▶ 154.psd

1 サンプルファイルを開き、クイック選択ツール を選びます❶。オプションバーで［直径］を「30px」、［硬さ］を「100％」、［間隔］を「25％」に設定し❷、サイコロの周囲をドラッグして❸、周囲全体を選択します❹。

2 レイヤーパネルの［マスクを追加］ をクリックします❶。レイヤーマスクが作成され、周辺部分が表示され、サイコロがマスクされます❷。

3 属性パネルを開き、［反転］をクリックします❶。

4 レイヤーマスクが反転して、サイコロ部分が表示されました❶。レイヤーパネルのレイヤーマスクサムネールも、サイコロ部分が白で表示されます❷。境界部分がきれいになっていないときは、ブラシツール の直径を小さくしレイヤーマスクを編集してきれいに仕上げます❸。

レイヤーマスクの編集は、P.209の「レイヤーマスクを編集する」を参照

210　Macでは、キーは次のようになります。　Ctrl → ⌘　　Alt → option　　Enter → return

画像が徐々に透明になるようにマスクする

155

レイヤーマスクにグラデーションを利用すると、画像が徐々に透明になるようにできます。よく使うテクニックなので、サンプルファイルを使って是非覚えてください。

第8章 ▶ 155.psd

1 サンプルファイルを開きます❶。レイヤーパネルで「レイヤー1」レイヤーを選択し❷、[レイヤーマスクを追加]をクリックします❸。レイヤーマスクが作成され、レイヤーマスクサムネールが表示されて選択状態になります❹。「レイヤー1」レイヤーには選択範囲がなかったので、マスクされる範囲がなく、画像の表示は変わりません。

❶開く

❷選択
❸クリック

❹作成された

2 グラデーションツールを選択します❶。オプションバーで、[クリックでグラデーションピッカーを開く]をクリックし❷、[黒、白]のグラデーションを選択します❸。[線形グラデーション]を選択し❹。画像の右端から左端まで Shift キーを押しながらドラッグします❺。

❶選択
❷クリック
❸選択
❹選択

❺ドラッグ

3 レイヤーマスクに白黒のグラデーションが適用され❶、黒の部分がマスクされて透明になるので、背面のべた塗りレイヤーの色が表示されます❷。

❶グラデーションで塗られた

❷黒の部分が透明になり背景が見えるようになった

211

レイヤーマスクを一時的に解除する

156

レイヤーマスクは元画像をそのままで、必要な部分だけを表示できる便利な機能ですが、マスク前の画像を見たいときがあります。レイヤーマスクは、一時的に機能解除して、元画像の状態にできます。

第8章 ▶ 156.psd

1 サンプルファイルを開きます❶。レイヤーパネルで「レイヤー1」レイヤーのレイヤーマスクサムネールを Shift キーを押しながらクリックします❷。

❶開く

❷ Shift +クリック

2 画像がレイヤーマスクが解除された状態で表示されます❶。レイヤーパネルで「レイヤー1」レイヤーのレイヤーマスクサムネールには、赤い×が表示されます❷。

❶マスクが解除された

❷×が表示される

3 再度「レイヤー1」レイヤーのレイヤーマスクサムネールを Shift キーを押しながらクリックします❶。画像がレイヤーマスクされた状態に戻ります❷。

❶ Shift +クリック

❷マスクされた

マスクの一時解除は、レイヤーマスクだけでなく、ベクトルマスクでも同様

Macでは、キーは次のようになります。 Ctrl → ⌘   Alt → option   Enter → return

画像を文字やシェイプの形状で切り抜く

157

レイヤーのクリッピングマスクを使うと、背面レイヤーのピクセルのある部分だけ前面レイヤーの画像を表示できます。文字やシェイプなどの図形で画像を切り抜くには、レイヤーマスクを使って切り抜くこともできますが、クリッピングマスクを使ったほうが簡単です。

第8章 ▶ 157.psd

1 サンプルファイルを開きます❶。レイヤーパネルで最前面のテキストレイヤー「A」をドラッグして「レイヤー1」レイヤーの背面に移動します❷。テキストレイヤー「A」は背面に移動したので❸、画像で文字が表示されなくなります❹。

❶開く

❷ドラッグ

❸背面になった

❹文字は見えなくなった

2 レイヤーパネルで「レイヤー1」レイヤーとテキストレイヤー「A」の境界部分にカーソルを移動し、Alt キーを押しながらクリックします❶。クリッピングマスクが作成され、「レイヤー1」レイヤーの画像が、テキストレイヤー「A」の文字の形で切り抜かれて表示されます❷。レイヤーパネルの「レイヤー1」レイヤーのレイヤーサムネールの横には、クリッピングマスクの が表示されます❸。

❶ Alt +クリック

❷クリッピングマスクで切り抜かれた

❸表示される

クリッピングマスクを解除するには、同じ手順で、レイヤーの境界部分を Alt キーを押しながらクリック

Point

クリッピングマスク

クリッピングマスクは、適用した前面レイヤーの画像を、背面レイヤーのピクセルのある部分だけ表示する機能です。サンプルでは、テキストレイヤー「A」は、文字部分だけにピクセルがあり、ほかはピクセルのない透明部分です。そのため、クリッピングマスクを適用した「レイヤー1」レイヤーは、文字の形状で切り抜かれて表示されます。
ここでは、テキストレイヤーを使いましたが、シェイプレイヤーや通常レイヤーでもクリッピングマスクは作成できます。

輪郭がはっきりした画像をシャープに切り抜く

158

輪郭がはっきりしている画像の一部を切り抜くには、ペンツールなどで切り抜く形状のパスを作成して、ベクトルマスクを利用するとシャープな境界線で切り抜くことができます。

第8章 ▶ 158.psd

1 サンプルファイルを開きます❶。レイヤーパネルで「レイヤー1」レイヤー選択します❷。通常は、ペンツール などで便箋の形状に沿ったパスを作成しますが、ここではすでに用意したパスを使用します。パスパネルで[作業用パス]を選択します❸。

2 パスコンポーネント選択ツール を選択し❶、便箋の境界のパスをクリックして選択して確認します❷。レイヤーパネルで、[レイヤーマスクを追加] を、Ctrlキーを押しながらクリックします❸。

ベクトルマスクは、パスパネルで選択したパスから作成されるので、パスコンポーネント選択ツールで選択する必要はない。ここでは確認のために選択している

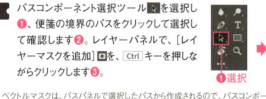

3 ベクトルマスクが作成され、選択したパスの外側がマスクされます❶。レイヤーパネルの「レイヤー1」レイヤーには、ベクトルマスクサムネールが表示されます(マスク部分がグレーで表示されます)❷。パスパネルには、ベクトルマスクのパス「レイヤー1 ベクトルマスク」が表示されます❸。

POINT

マスク範囲を反転したい場合は、ベクトルマスクサムネールを右クリックして、表示されたメニューから[ベクトルマスクをラスタライズ]を選択してレイヤーマスクに変換してください。

POINT

レイヤーパネルで[レイヤーマスクを追加] を2回連続してクリックするとレイヤーマスクとベクトルマスクが順番に作成されます。両方作ると、どちらのマスクを使っているかがすぐにわかります。

Macでは、キーは次のようになります。　Ctrl → ⌘　　Alt → option　　Enter → return

レイヤーマスクから選択範囲を作成する

159

レイヤーマスクのあるレイヤーでは、レイヤーマスクからマスクした部分の選択範囲を簡単に作成できます。ベクトルマスクでも同様です。実際に作成してみましょう。

第8章 ▶ 159.psd

---

1 サンプルファイルを開きます❶。レイヤーパネルで「レイヤーマスク」レイヤーにレイヤーマスク、「ベクトルマスク」レイヤーにベクトルマスクされた画像があり、「レイヤーマスク」レイヤーが表示され、「ベクトルマスク」レイヤーは非表示であることを確認します❷。

❶開く

❷確認

2 レイヤーパネルで「レイヤーマスク」レイヤーのレイヤーマスクサムネールを Ctrl キーを押しながらクリックします❶。レイヤーマスクのマスク部分の選択範囲が作成されます❷。

❶ Ctrl ＋クリック

❷選択範囲が作成される

3 レイヤーパネルで「ベクトルマスク」レイヤーを表示に❶、「レイヤーマスク」レイヤーを非表示にします❷。Ctrl キーと D キーを押して選択を解除します❸。

❶表示
❷非表示

❸ Ctrl ＋ D キーで選択解除

4 レイヤーパネルで「ベクトルマスク」レイヤーのベクトルマスクサムネールを Ctrl キーを押しながらクリックします❶。ベクトルマスクのマスク部分の選択範囲が作成されます❷。

❶ Ctrl ＋クリック

❷選択範囲が作成される

215

ほかのレイヤーのレイヤーマスクを複製する

160

レイヤーマスクは、ほかのレイヤーに複製できます。複数のレイヤーで同じレイヤーマスクを使いたいときに知っておくと便利なテクニックです。

第8章 ▶ 160.psd

1 サンプルファイルを開きます❶。レイヤーパネルで「レイヤー1」レイヤーを選択して❷、[新規レイヤーを作成]をクリックします❸。[レイヤー2]レイヤーが作成され、選択されます❹。

2 「レイヤー2」レイヤーで、ブラシツールなどを使って、サイコロと背面にかかるように描画します❶。色や形状は任意です。

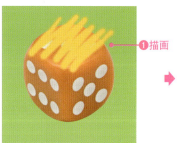

3 レイヤーパネルで「レイヤー1」レイヤーのレイヤーマスクサムネールを Alt キーを押しながら「レイヤー2」レイヤーにドラッグします❶。「レイヤー2」レイヤーに、「レイヤー1」レイヤーのレイヤーマスクサムネールが複製されました❷。「レイヤー2」レイヤーにも、レイヤーマスクが適用されます❸。

レイヤーマスクの境界線をぼかす

161

レイヤーマスクは、レイヤーマスク作成時に選択範囲があると、そこから作成されますが、あとから境界部分をぼかすこともできます。レイヤーマスク作成時にぼかしのある選択範囲を作成しておく必要はありません。

第8章 ▶ 161.psd

1 サンプルファイルを開きます❶。「ぼかし」レイヤーの画像にレイヤーマスクが適用されています。レイヤーパネルで、「ぼかし」レイヤーのレイヤーマスクサムネールをクリックして選択します❷。

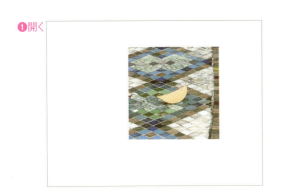

2 属性パネルを表示し、[ぼかし]の値を任意で変更します❶。画像の境界部分に設定したぼかしが適用されます❷。レイヤーパネルの「ぼかし」レイヤーのレイヤーマスクサムネールもぼかしが表示されます❸。

レイヤーマスクの境界線を[選択とマスク]でぼかす

162

レイヤーマスクの境界線をぼかすには、[選択とマスク]を使うこともできます。ここでは、[ぼかし]の設定に加えて、[エッジのシフト]や[コントラスト]を使った調整方法を解説します。

第8章 ▶ 162.psd

1 サンプルファイルを開きます❶。レイヤーパネルで「レイヤー1」レイヤーのレイヤーマスクサムネールを選択して❷、属性パネルの[選択とマスク](CC 2015以前は[マスクの境界線])をクリックします❸。

❶開く

❷選択

❸クリック

2 [選択とマスク]ワークスペースに表示が変わります(CC 2015以前は[マスクを調整]ダイアログボックスが表示されます)。属性パネルの[表示]を「点線」に変更し(使いやすいものでかまいません)❶、[ぼかし]の値を大きくします(ここでは「20px」)❷。これで、境界線にぼかしが入ります❸。背景がかなり表示されているので、[エッジをシフト]をマイナス値に設定し(ここでは「-30%」)❹、境界線を内側に移動させます❺。

❸境界線にぼかしが入った　❷値を大きく

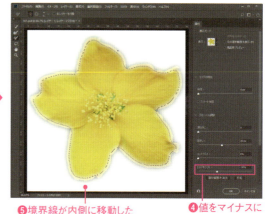
❺境界線が内側に移動した　❹値をマイナスに

3 ［出力先］を［新規レイヤー（レイヤーマスクあり）］に設定し❶、［OK］をクリックします❷。画像の境界線にぼかしが入ります❸。調整された選択範囲からレイヤーマスクのある新しいレイヤーが作成され、元のレイヤーは非表示になります❹。

❸境界線にぼかしが入った

❹レイヤーマスクの新レイヤーが作成される

4 ぼかしの外側に背景が表示されているので、違う方法で調整しましょう。レイヤーパネルで、作成された「レイヤー1のコピー」レイヤーを非表示に❶、「レイヤー1」レイヤーを表示します❷。「レイヤー1」レイヤーのレイヤーマスクサムネールを選択して❸、属性パネルの［選択とマスク］（CC 2015以前は［マスクの境界線］）をクリックします❹。

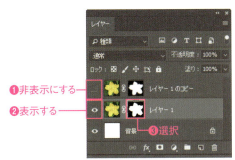

5 ［選択とマスク］ワークスペースに表示が変わります（CC 2015以前は［マスクを調整］ダイアログボックスが表示されます）。属性パネルの［ぼかし］の値を大きくします（ここでは「20px」）❶。［コントラスト］の数値を調整し（ここでは「40%」）❷、ぼかしをシャープにします。［不要なカラーの除去］にチェックを付け❸、緑の部分を黄色に置き換えます。［OK］をクリックすると❹、画像が新規レイヤーにレイヤーマスク付きで出力されます。境界部分にきれいにぼかしが入りました❺。

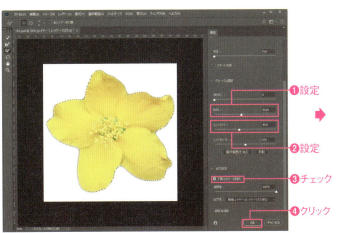

❺境界部分にきれいにぼかしが入った

第8章 画像の一部をマスクする

レイヤーマスクの境界線を滑らかにする

163

[選択とマスク]を使うと、レイヤーマスクの境界線を滑らかにできます。ここでは、[半径]の設定で滑らかにする方法と、[滑らかに]を使った方法を解説します。

第8章 ▶ 163.psd

1 サンプルファイルを開きます❶。レイヤーパネルで「レイヤー1」レイヤーのレイヤーマスクサムネールを選択して❷、属性パネルの[選択とマスク](CC 2015以前は[マスクの境界線])をクリックします❸。

❶開く

❷選択

❸クリック

2 [選択とマスク]ワークスペースに表示が変わります(CC 2015以前は[マスクを調整]ダイアログボックスが表示されます)。属性パネルの[表示]を「点線」に変更し(使いやすいものでかまいません)❶、[半径]の値を大きくします(ここでは「5px」)❷。これで、境界線が若干ソフトになります。[不要なカラーの除去]にチェックを付け❸、[OK]をクリックします❹。画像の境界部分が滑らかになります❺。調整された選択範囲からレイヤーマスクのある新しいレイヤーが作成され、元のレイヤーは非表示になります❻。

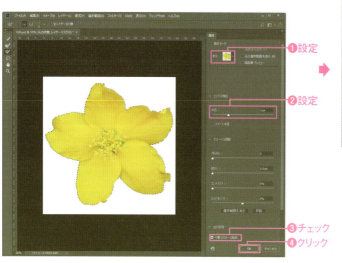
❶設定
❷設定
❸チェック
❹クリック

❺境界が滑らかになった

❻レイヤーマスクの新レイヤーが作成される

3 違う方法で調整してみましょう。レイヤーパネルで、作成された「レイヤー1のコピー」レイヤーを非表示に❶、「レイヤー1」レイヤーを表示します❷。「レイヤー1」レイヤーのレイヤーマスクサムネールを選択して❸、属性パネルの[選択とマスク](CC2015以前は[マスクの境界線])をクリックします❹。

❶非表示にする
❷表示する
❸選択

❹クリック

4 [選択とマスク]ワークスペースに表示が変わります(CC2015以前は[マスクを調整]ダイアログボックスが表示されます)。属性パネルの[滑らかに]の値を大きくします(ここでは「50」)❶。[不要なカラーの除去]にチェックを付け❷、[OK]をクリックします❸。画像の境界部分が滑らかになります❹。調整された選択範囲からレイヤーマスクのある新しいレイヤーが作成され、元のレイヤーは非表示になります❺。

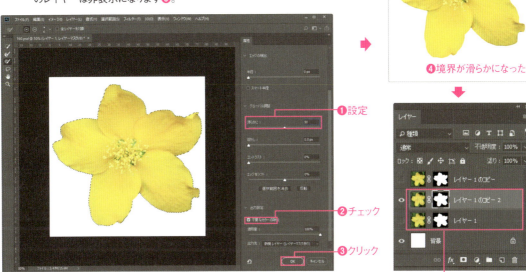

❶設定
❷チェック
❸クリック
❹境界が滑らかになった
❺レイヤーマスクの新レイヤーが作成される

5 画面を拡大表示して、「レイヤー1のコピー」レイヤーと「レイヤー1のコピー2」レイヤーを交互に表示して、比較してみてください。はじめの[半径]の調整結果(「レイヤー1のコピー」レイヤー)は境界の細部が保持されており❶、あとの[滑らかさ]の調整結果(「レイヤー1のコピー2」レイヤー)は、滑らかさが重視されて調整されています❷。画像によって使い分けるとよいでしょう。

❶[半径]の調整結果(「レイヤー1のコピー」レイヤー)

❷[滑らかさ]の調整結果(「レイヤー1のコピー2」レイヤー)

第8章 画像の一部をマスクする

221

レイヤーマスクのマスク部分を半透明にする

164

レイヤーマスクのマスク部分は、あとから不透明度を設定して半透明にできます。画像の一部分だけをはっきり見せたいときなどに便利です。

第8章 ▶ 164.psd

第8章 画像の一部をマスクする

1 サンプルファイルを開きます❶。「濃度」レイヤーの画像にレイヤーマスクが適用されています。レイヤーパネルで、「濃度」レイヤーのレイヤーマスクサムネールをクリックして選択します❷。

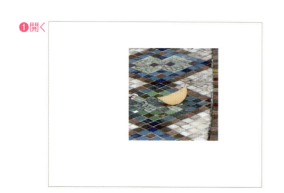

2 属性パネルを表示し、[濃度]の値を任意で変更します❶。画像のマスク部分が半透明になります❷。レイヤーパネルの「濃度」レイヤーのレイヤーマスクサムネールもブラックからグレーに表示が変わります❸。

100%で完全に非表示のマスク、0%でマスクされない状態になる

❷マスク部分が半透明になる

❸濃度によってグレーで表示される

222　　Macでは、キーは次のようになります。　Ctrl → ⌘　　Alt → option　　Enter → return

テキスト

Photoshopの作業において、テキストを扱うことはそれほど多くはないかもしれません。しかし、Webと印刷物を並行して作成することも多くなった現在、テキストの機能もしっかり使えることがのぞまれます。Photoshopには、意外なほど豊富なテキスト周りの機能が備わっています。覚えておけば、効率的でかつ仕上がりもきれいなデーが作成が可能になります。

文字を入力する

165

基本的な文字の入力方法です。入力した文字は、テキストレイヤーに編集可能な状態で入力されます。

1 新規ドキュメントを開き、横書き文字ツール T を選びます❶。
カンバス上で、文字を入力する箇所をクリックすると❷、カーソルが点滅して文字を入力できます❸。

POINT

縦組みの場合

縦組みの文字を入力するには、縦書き文字ツール IT を選択して同様に入力します。

❶選択　❷クリック　❸文字を入力する

クリックして入力した文字をポイントテキストという

2 文字を入力したら、オプションバーの○をクリックして確定します❶。
Enter キーを押しても確定できます。
入力した文字は、入力した文字が名称のテキストレイヤーとしてレイヤーパネルに表示されます❷。

❶クリック

❷表示される

POINT

文字をドラッグして拡大・縮小する

文字を入力した直後、確定前であれば、Ctrl キーを押すと❶、文字の周りにバウンディングボックスが表示され、そのままドラッグして文字の大きさを変更できます❷。その際、Shift キーを押しながらドラッグすると、縦横比を維持できます。

❶ Ctrl キーを押す　❷ドラッグして拡大・縮小

Macでは、キーは次のようになります。　Ctrl → ⌘　Alt → option　Enter → return

テキストエリアを作成して文字を入力する

166

文字を入力するエリアを作成して文字を入力できます。エリア内で自動で改行されるので、比較的文字量の多いテキストを入力する際に使用します。

1 新規ドキュメントを開き、横書き文字ツール T を選びます❶。カンバス上で、文字を入力するエリアをドラッグして指定します❷。テキストエリアが作成され、点線で表示されます❸。

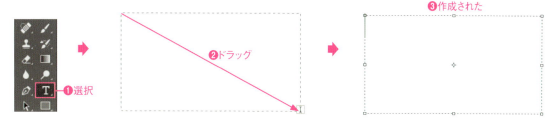

2 そのまま入力したい文字をタイプします❶。エリアに沿って、自動で改行されます。
文字を入力したら、オプションバーの○をクリックして確定します❷。Enter キーを押しても確定できます。

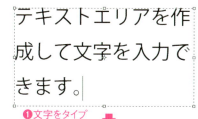

POINT
縦組みの場合

縦組みの文字を入力するには、縦書き文字ツール IT を選択して同様に入力します。

ドラッグしてできたテキストエリアに入力した文字を段落テキストという

3 レイヤーパネルのテキストレイヤーのサムネールをダブルクリックします❶。入力した文字が選択され、テキストエリアも表示されます❷。テキストエリアのハンドルをドラッグします❸。テキストエリアの形状が変わり、中の文字は形状に合わせて流れ込みます❹。

POINT
ポイントテキストへの変換

[書式]メニュー→[ポイントテキストに変換]でポイントテキストに変換できます。

文字を編集する

167 文字を修正する

入力した文字は、文字ツールで選択して内容を編集できます。

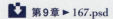
第9章 ▶ 167.psd

文字ツールで編集する

1 サンプルファイルを開き❶、横書き文字ツール T を選びます❷。

POINT

どちらの文字ツールでもOK

テキストの編集は、横書き文字ツール T、縦書き文字ツール IT のどちらでも選択して編集できます。

2 編集したい箇所をドラッグして選択します❶。テキストが反転表示されます。選択された状態で、文字をタイプします❷。文字を入力したら、オプションバーの○をクリックして確定します❸。Enter キーを押しても確定できます。

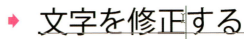

テキストレイヤーから編集する

レイヤーパネルのテキストレイヤーのTの表示されているサムネールをダブルクリックすると❶、そのレイヤーの文字がすべて選択され❷、編集できます。

Macでは、キーは次のようになります。 Ctrl → ⌘   Alt → option   Enter → return

フォントを変更する

入力した文字は、文字ツールで選択してフォントを変更できます。文字単位での設定が可能です。

168

📥 第9章 ▶ 168.psd

1 サンプルファイルを開き、横書き文字ツール T を選びます❶。

2 テキストのフォントを変更したい箇所をドラッグして選択します❶。テキストが反転表示されます。

3 文字パネル（オプションバーまたは属性パネルでも可）を開き、フォントの ⌄ をクリックします❶。パソコンにインストールされているフォントがリスト表示されるので、フォントを選択します。
ひとつのフォントに複数のフォントスタイル（太さや斜体字）がある場合は › をクリックし❷、表示したフォントスタイルから選択できます❸。

4 フォントが変更されました❶。変更したら、オプションバーの○をクリックして確定します❷。Enter キーを押しても確定できます。

POINT

フィルタリング

CC 2015以降は、フォントリストの上部で、フォントの形状やTypekitなどでフィルタリングして表示できます。

Ⓐ フォントの形状でフィルタリング
Ⓑ Typekitフォントだけを表示
Ⓒ お気に入りのフォントだけ表示（お気に入りはフォントの左の☆をクリックし手設定）
Ⓓ 現在のフォントと似たフォントを表示

227

169 Typekitからフォントをインストールする

Typekitは、Webからフォントをダウンロードして利用できるサービスです。Creative Cloudの有償ユーザーは、100フォントまで利用できます。日本語のフォントも増えてきているので、積極的に利用しましょう。

フォントをインストールする

1 [書式]メニュー→[Typekitからフォントを追加]選びます❶。文字パネル（オプションバーまたは属性パネルでも可）のフォント名をクリックし、表示されたメニューから[Typekitからのフォントを追加]をクリックしてもかまいません❷。

2 WebブラウザーにTypekitのWebページが表示されます❶。日本語フォントを探すときは[日本語]、欧文フォントとは[デフォルト]を選択します❷。右側のフィルターで、分類別にフィルタリングしてインストールしたいフォントを探します❸。左側のリストからインストールしたいフォントをクリックします❹。

3 選択したフォントの詳細情報が表示されるので[すべてを同期]をクリックします❶。

POINT
一部だけのインストールもできる

太さの異なるファミリーを持つフォントでは、個別にインストールできます。

4 パソコンにフォントがインストールされると、下記画面が表示されます❶。使用できるフォント数が表示されます。[閉じる]をクリックして、前の画面に戻ります❷。

5 インストールされたフォントは、文字パネル等から選択して利用できるようになります❶。

❶表示された
❷クリック

❶利用できる

POINT
すべてのパソコンで同期される
Typekitでインストールしたフォントは、ほかのパソコンで同じCreative Cloudユーザーのアカウントでサインインすると、自動でインストールされます。

POINT
PDFの埋め込みは可能、パッケージは不可
Typekitでインストールしたフォントは、PDF作成時に埋め込むことができます。パッケージ機能で、コピーすることはできません。

フォントをアンインストールする

1 TypekitのWebページで[同期フォント]をクリックします❶。現在インストールしているフォントが表示されます。[同期解除]をクリックすると、フォントがアンインストールされます❷。

❶クリック
❷クリック

第9章 テキスト

229

文字サイズを変更する

170

入力した文字は、文字ツールで選択してフォントサイズを変更できます。文字単位での設定が可能です。

第9章 ▶ 170.psd

1 サンプルファイルを開き、横書き文字ツール T を選びます❶。

2 テキストのサイズを変更したい箇所をドラッグして選択します❶。テキストが反転表示されます。

3 文字パネル（オプションバーまたは属性パネルでも可）を開き、[フォントサイズを設定] の ▼ をクリックして❶、表示されたメニューからサイズを選択します❷。直接数値を入力してもかまいません。選択したテキストのサイズが変わりました❸。変更したら、オプションバーの○をクリックして確定します❹。 Enter キーを押しても確定できます。

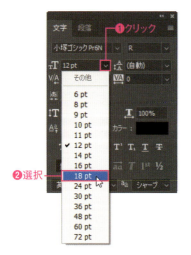

POINT

テキストレイヤーのすべての文字サイズを変更する

文字を選択しなくても、レイヤーパネルでテキストレイヤーを選択した状態で文字サイズを変更すると、レイヤー内のすべてのテキストの文字サイズを変更できます。

POINT

フォントサイズをドラッグで指定

文字パネル（オプションバーまたは属性パネルで）で、[フォントサイズを設定] の アイコン の上で左右にマウスをドラッグしてフォントサイズを変更できます。

文字の幅や高さを調整する

171 文字の高さを変更

入力した文字は、文字の幅（水平比率）や高さ（垂直比率）を調整できます。

第9章 ▶ 171.psd

1 サンプルファイルを開き、横書き文字ツール❶を選びます❶。幅や高さを調整するテキストをドラッグして選択します❷。

2 文字パネルの［水平比率］の にカーソルを合わせ、左右にドラッグします❶。左にドラッグで狭まり、右にドラッグで広がります。直接数値を入力してもかまいません。選択したテキストの幅が変わりました❷。変更したら、オプションバーの○をクリックして確定します❸。Enter キーを押しても確定できます。

POINT
テキストの高さを調整する

テキストの高さを調整するには、文字パネルの垂直比率で設定します。

POINT
テキストレイヤーのすべての文字を変更する

文字を選択しなくても、レイヤーパネルでテキストレイヤーを選択した状態で水平比率や垂直比率を変更すると、レイヤー内のすべてのテキストを変更できます。

行間を調整する

172

複数行あるテキストの行間は、文字パネルの行送り値の設定で間隔を調整できます。

第9章 ▶ 172.psd

1 サンプルファイルを開き、横書き文字ツール T を選びます❶。行間を変更したい箇所をドラッグして選択します❷。テキストが反転表示されます。サンプルでは段落テキストを使っていますが、ポイントテキストでも同じです。

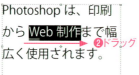

2 文字パネルを開き、[行送りを設定]に行送り値を設定します❶。 をクリックして、表示されたメニューから行間値を選択してもかまいません。また、 にカーソルを合わせて左右にドラッグしてもかまいません。

3 選択したテキストの下の行間値が変わりました❶。変更したら、オプションバーの○をクリックして確定します❷。 Enter キーを押しても確定できます。

POINT

行送り値の[自動]

行送りの[自動]は、段落パネルメニュー→[ジャスティフィケーション]で表示される[ジャスティフィケーション]ダイアログボックスの「自動行送り」の設定と、フォントサイズをかけた数値となります。文字サイズが「12pt」なら行間値は「21pt」となります。

POINT

行送りの基準

行送りは、段落パネルメニューの[日本語基準の行送り]が初期設定で、設定したテキストの次の行にかかります。[欧文基準の行送り]を選択すると、設定したテキストの前の行にかかります。

[欧文基準の行送り]を選択すると、テキストの前の行の行間が変わる

横組み文字の上下の位置を調整する

第9章 テキスト

173 文字の上下位置を変更

横組みでの文字の上下の位置は、ベースラインシフトの値で設定できます。縦組みの文字では、左右の位置を調整できます。

第9章 ▶ 173.psd

1 サンプルファイルを開き、横書き文字ツール T を選びます❶。上下位置を変更したい箇所をドラッグして選択します❷。テキストが反転表示されます。サンプルではポイントテキストを使っていますが、段落テキストでも同じです。

文字の**上下位置**を変更
❶選択
❷ドラッグ

2 文字パネルの［ベースラインシフトを設定］に数値を入力します（ここでは「6」）❶。

❶設定

3 選択したテキストのベースラインが上に6pt移動しました❶。マイナス値では下に移動します。変更したら、オプションバーの○をクリックして確定します❷。Enterキーを押しても確定できます。

文字の**上下位置**を変更
❶上に移動した

❷クリック

POINT

縦組みの場合

縦組み文字の場合、プラス値で右側、マイナス値で左側に移動します。

ベースラインシフトを「6pt」に設定

POINT

ベースラインシフトのキーボードショートカット

Shift + Alt + ↑	1pt上（右）に
Shift + Alt + ↓	1pt下（左）に
Shift + Ctrl + Alt + ↑	5pt上（右）に
Shift + Ctrl + Alt + ↓	5pt下（左）に

文字間隔を調整する

Photoshopでは、文字間隔は「トラッキング」「カーニング」「文字ツメ」を使って設定します。それぞれの特徴を理解して使用してください。また[文字組み]の設定についても簡単に説明します。

第9章 ▶ 174.psd

トラッキングで調整する

[トラッキング]は、選択したテキストの右側の間隔を調整します。段落全体の文字間隔を設定するのに利用します。おもに欧文に使用しますが、和文でも利用できます。

1 サンプルファイルを開き、横書き文字ツール T を選びます❶。文字間隔を調整したいテキストを選択します❷。テキストが反転表示されます。

2 文字パネルを開き、[選択した文字のトラッキングを設定]の をクリックして❶、表示されたメニューから設定値を選択します❷。直接数値を入力してもかまいません。

3 選択したテキストの文字間隔が変わりました❶。変更したら、オプションバーの○をクリックして確定します❷。Enter キーを押しても確定できます。

POINT

トラッキングとカーニングの値

トラッキングとカーニングの設定値の単位は「em」で、文字サイズの1/1000となります。設定値を「100」にすると、100emとなり、100/1000＝1/10となり、文字サイズの10％のアキが挿入されます。

POINT

トラッキングはテキストの右側で調整

トラッキングによる文字間隔は、選択した文字の右側の間隔を調整します。

上：設定値0
下設定値：200

カーニングで調整する

［カーニング］は、カーソルを置いた文字と文字の間隔を調整します。特定の2文字の間隔を設定するのに利用します。おもに欧文に使用しますが、和文でも利用できます。

1 横書き文字ツール T を選びます❶。文字間隔を調整したい文字と文字の間をクリックしてカーソルを点滅させます❷。ここではポイントテキストですが、段落テキストでも同じです。

2 文字パネルを開き、［文字間のカーニングを設定］の をクリックして❶、表示されたメニューから設定値を選択します❷。直接数値を入力してもかまいません。

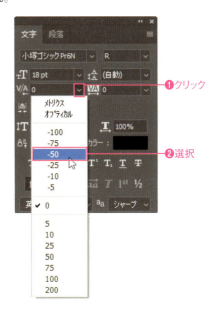

3 カーソルのある文字間隔が変わりました❶。変更したら、オプションバーの○をクリックして確定します❷。Enter キーを押しても確定できます。

POINT

メトリクス、オプティカル

フォントは、隣り合う文字の間隔を調整するための値であるペアカーニング情報を持っています。
［メトリクス］に設定すると、フォントのペアカーニングを使って文字を詰めます。
［オプティカル］に設定すると、隣り合った文字の形状に応じてアキが調整されます。ペアカーニング情報を持たないフォントでも利用可能です。

POINT

**トラッキング / カーニングの
キーボードショートカット**

文字を選択するとトラッキング、文字間にカーソルを置くとカーニングの設定となります。

| Alt + ← | 20詰まる |
| Alt + → | 20広がる |

235

文字ツメを使って文字詰めする

［文字ツメ］は、文字の両側の間隔を調整して文字を詰めます。

1 横書き文字ツール T を選びます❶。文字間隔を詰めたいテキストを選択します❷。テキストが反転表示されます。

2 文字パネルを開き、［選択した文字にツメを設定］の をクリックして❶、表示されたメニューから設定値を選択します❷。直接数値を入力してもかまいません（0〜100％まで指定できます）。

3 選択したテキストの文字間隔が詰まりました❶。変更したら、オプションバーの○をクリックして確定します❷。Enter キーを押しても確定できます。

POINT

文字ツメの設定

フォントは、仮想ボディの中に、仮想ボディより少し小さい平均字面に収まるように設計されています。文字ツメは、仮想ボディと平均字面の間隔（サイドベアリング）を調整して文字を詰めます。100％に設定すると、サイドベアリングが0になり、文字間隔は0になります。

上：設定値0
中：設定値50％
下：設定値100％

236　Macでは、キーは次のようになります。　Ctrl → ⌘　Alt → option　Enter → return

［文字組み］の設定を解除して欧文の前後のアキをなくす

括弧や句読点の前後のアキは、段落パネルの［文字組み］の設定によって決まります。初期設定は［行末約物半角］になっており、この設定によって欧文と和文の間に間隔ができてしまいます。括弧や句読点がなく、欧文と和文の間隔を詰めるには、［文字組み］を「なし」にします。

1 横書き文字ツール T を選びます❶。文字間隔を詰めたいテキストを選択します❷。テキストが反転表示されます。

2 段落パネルを開き、［文字組み］の ✓ をクリックして❶、表示されたメニューから［なし］を選択します❷。

3 選択したテキストの欧文と和文の間隔が詰まりました❶。変更したら、オプションバーの ○ をクリックして確定します❷。 Enter キーを押しても確定できます。

POINT

［文字組み］とは

句読点、疑問符、括弧などを約物といいます。［文字組み］は、（）や「」などの括弧類や、「、」「。」の句読点類の前後のアキ量の組み合わせを登録したものです。設定を変更すると文字のアキが調整されて文字組みが変わります。［約物半角］は、約物が半角分のスペースになるように調整された組み合わせで、［行末約物半角］は行末の約物が半角分のスペースになるように調整された組み合わせです。
この［文字組み］により、欧文のと和文の文字の間に少しのアキが入るようになります。文字量の多いテキストの場合、［文字組み］が設定されていたほうがきれいになりますが、キャッチコピー等で文字数が多くない場合は、「なし」にしたほうがきれいになります。

第9章 テキスト

横書きと縦書きを切り替える

横書きで入力した文字を、縦書きに変更できます。また、縦書きで入力した文字を横書きに変更できます。

第9章 ▶ 175.psd

1 サンプルファイルを開き、横書き文字ツール T を選びます❶。文字の組み方向を変更したいテキストを選択します❷。

2 ［書式］メニュー→［方向］→［縦書き］を選択します❶。

3 選択したテキストレイヤーの組み方向が変わりました❶。変更したら、オプションバーの○をクリックして確定します❷。Enter キーを押しても確定できます。

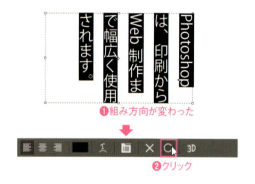

POINT

テキストレイヤーを選択

文字を選択しなくても、レイヤーパネルでテキストレイヤーを選択した状態でも方向を変更できます。

Macでは、キーは次のようになります。 Ctrl → ⌘ Alt → option Enter → return

パスに沿って文字を入力する

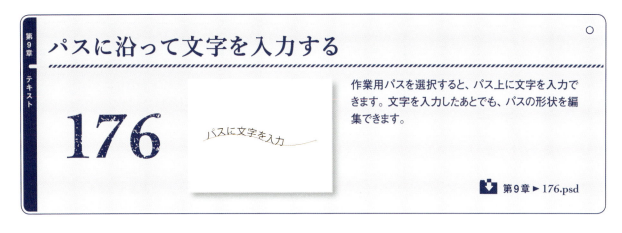

作業用パスを選択すると、パス上に文字を入力できます。文字を入力したあとでも、パスの形状を編集できます。

第9章 ▶ 176.psd

1 サンプルファイルを開きます。パスパネルを開き、「作業用パス」を選択します❶。パスが表示されます❷。ツールパネルで、横書き文字ツール T を選び❸、[描画色と背景色を初期設定に戻す]をクリックします❹。

2 文字を入力するパス上でクリックします❶。文字が入力できる状態になるので、文字をタイプします❷。入力したら、オプションバーの○をクリックして確定します❸。Enter キーを押しても確定できます。

POINT

パスの変形

パスに文字を入力すると、テキストレイヤーだけでなく、パスパネルにパス文字用のパスが追加されます❶。
このパスを選択し、パス選択ツール ▶ でパスを編集すると❷、文字も自動で変化します❸。

パス選択ツール ▶ で変形すると文字も変化する

パス上文字の文字の位置を変更する

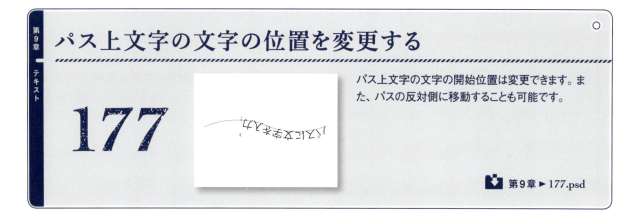

パス上文字の文字の開始位置は変更できます。また、パスの反対側に移動することも可能です。

第9章 ▶ 177.psd

1 サンプルファイルを開きます。レイヤーパネルでテキストレイヤーを選択し❶、ツールパネルでパスコンポーネント選択ツール（またはパス選択ツール）を選択します❷。テキストの下にパスが表示されます❸。

2 カーソルをパス上文字の先頭に移動すると、カーソルが になります❶。そのままドラッグすると、文字の先頭位置を変更できます❷。

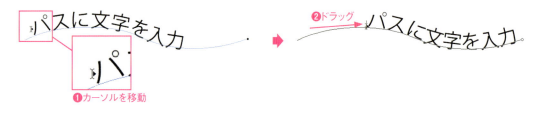

3 パスの反対側にドラッグすると❶、文字の位置がパスの反対側に移ります。

240　　Macでは、キーは次のようになります。　Ctrl → ⌘　Alt → option　Enter → return

文字のアンチエイリアス形式を選択する

178

入力した文字のエッジ部分を滑らかにするための処理がアンチエイリアスです。文字の太さが気になるようなら、設定を変更してみましょう。

第9章 ▶ 178.psd

1 サンプルファイルを開きます。レイヤーパネルでテキストレイヤーを選択します❶。文字パネルの［アンチエイリアスの種類を設定］は、［シャープ］です❷。このテキストレイヤーには、アンチエイリアスとして［シャープ］が適用されているということです。

2 ［なし］に設定します❶。アンチエイリアスが適用されてないため、文字のエッジ部分はギザギザになります❷。

3 文字パネルの［アンチエイリアスの種類を設定］で、そのほかの設定に変更してみましょう。フォントや文字サイズによっては、結果が異なるので、最適な設定を選択してください。

Photoshop　鮮明

Photoshop　強く

Photoshop　滑らかに

POINT

種類の違い

なし	アンチエイリアスなし
シャープ	もっともシャープに表示
鮮明	ややシャープに表示
強く	太く表示
滑らかに	滑らかに表示

241

文字を検索・置換する

ドキュメント内の文字を検索できます。検索した文字をほかの文字に置き換えることもできます。用語の一括修正などに便利です。

第9章 ▶ 179.psd

1 サンプルファイルを開き、[編集]メニュー→[検索と置換]を選びます❶。

2 [検索と置換]ダイアログボックスが表示されます❶。[検索文字列]に検索する文字を入力します❷。検索した文字をほかの文字に置き換えるには、[置換文字列]に置き換える文字を入力します❸。[次を検索]をクリックすると❹、[検索文字列]に指定した文字がハイライト表示されます❺。

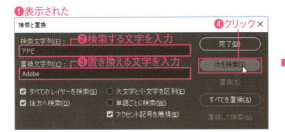

3 [置換して検索]をクリックすると❶、検索されてハイライトされた文字が[置換文字列]の文字に置き換えられ❷、次の[検索文字列]に指定した文字がハイライト表示されます❸。検索と置換を終了するには[完了]をクリックします❹。

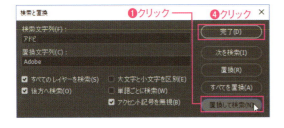

POINT

[置換]と[すべてを置換]

[置換]をクリックすると、検索された文字だけが置換されます。[すべてを置換]をクリックすると、[検索文字列]で指定した文字はすべて、[置換文字列]の文字で置換されます。

行揃えを設定する

180

Adobe Photoshop は、印刷から Web 制作まで幅広く使用されます。Adobe には、ほかにも優れたグラフィックツールが揃っています。

行揃えの設定は、段落パネルで行います。7つの行揃えが用意されています。おもに段落テキストに適用します。

第9章 ▶ 180.psd

1 サンプルファイルを開きます。横書き文字ツール  を選び❶、テキストの末尾をクリックしてテキストレイヤーにカーソルを挿入します❷。

❶選択

Adobe Photoshop は、印刷から Web 制作まで幅広く使用されます。Adobe には、ほかにも優れたグラフィックツールが揃っています。
❷クリック

> カーソルのあるテキストレイヤーが対象となる。レイヤーパネルでテキストレイヤーを選択してもよい

2 段落パネルで、行揃え（ここでは [均等配置（最終行左揃え）]）をクリックして選択します❶。選択したテキストレイヤーのすべての段落が指定した行揃えになります❷。変更したら、オプションバーの○をクリックして確定します❸。Enter キーを押しても確定できます。

❶クリック

Adobe Photoshop は、印刷から Web 制作まで幅広く使用されます。Adobe には、ほかにも優れたグラフィックツールが揃っています。
❷行揃えが変わった

❸クリック

行揃えの種類

❶❷❸ ❹❺❻❼

❶左揃え
❷中央揃え
❸右揃え
❹均等配置（最終行左揃え）
❺均等配置（最終行中央揃え）
❻均等配置（最終行右揃え）
❼両端揃え

POINT

ポイントテキスト

ポイントテキストでは、横書き文字ツール T で選択した際に表示される■を基準に行が揃います。

左揃え
右揃え
中央揃え
ここを基準に行が揃う

243

サイズの異なる文字の揃え位置を設定する

181

行や段落内に、サイズの異なる文字がある場合、文字をどの位置に揃えるかを設定できます。初期設定は、欧文ベースラインです。

第9章 ▶ 181.psd

1 サンプルファイルを開きます。レイヤーパネルでテキストレイヤーを選択します❶。

ここではテキストレイヤーを選択しているが、横書き文字ツール T でテキストを選択して文字揃えを指定すると、選択したテキストだけに適用される

2 文字パネルメニューの［文字揃え］から、揃える位置を選択します❶（ここでは、［仮想ボディの下/左］を選択）。

3 選択したテキストレイヤー内のテキストの文字揃えが変わります❶。

❶文字揃えが変わった

日本のグルメを探す ➡ 日本のグルメを探す

変更前：欧文ベースライン　　変更後：仮想ボディの下／左

POINT

揃え位置

フォントは、仮想ボディ（外側の実線部分）の中に、仮想ボディより少し小さい平均字面（内側の点線部分）に収まるように設計されています。［仮想ボディの下/左］を選択すると、仮想ボディの下（縦組みでは左）で揃えます。ベースラインは、欧文文字の文字の下側で揃えます。

仮想ボディ：実線　平均字面：点線

Experience Cool Japan

ベースラインは欧文文字の下側

Macでは、キーは次のようになります。　Ctrl → 　Alt → option　Enter → return

特殊な文字や異体字を入力する

182

OpenTypeフォントには、旧字体などの異体字が用意されています。字形パネルを使うと、入力済みの文字の異体字を簡単に差し替えられます。また、絵文字などの特殊な文字も入力できます。

第9章 ▶ 182.psd

異体字の入力

1 サンプルファイルを開き、横書き文字ツール T を選択します❶。異体字にする文字を選択します❷。

2 ［書式］メニュー→［パネル］→［字形パネル］を選択して、字形パネルを開きます❶。［表示］に［現在の選択文字の異体字］を選択します❷。選択した文字の異体字が表示されるので、入力したい異体字をダブルクリックします❸。

3 選択した異体字が入力されました❶。

POINT

CC2015.5以降

CC2015.5以降は、選択した文字の異体字が5文字まで下部に表示され、選択するだけで入力できます。

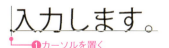

特殊文字の入力

1 横書き文字ツール T で文字を入力したい箇所にカーソルを置きます❶。

❶カーソルを置く

2 字形パネルで、［表示］に［修飾字形］を選択します❶。入力したい文字をダブルクリックします❷。文字が入力されます❸。

❸入力された

❶選択
❷ダブルクリック

段落の前後にアキを入れる

183

段落の前後にアキを入れて、前後の段落との間隔を調整できます。
タイトル部分は、適度なアキを入れることで、読みやすいレイアウトとなります。

第9章 ▶ 183.psd

1 サンプルファイルを開きます。横書き文字ツール T を選択し❶、アキを挿入したい段落のテキストを選択します❷。

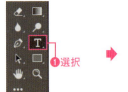

ここでは、段落内のテキストすべてを選択しているが、設定する段落にカーソルが挿入されているか、一文字以上選択されていればよい

2 段落パネル開き、[段落前のアキ]に段落の前に挿入するアキ量を設定し❶、[段落後のアキ]に段落の後に挿入するアキ量を設定します❷。

ここでは、[段落前のアキ]と[段落後のアキ]の両方を設定しているが、どちらか一方でもよい

3 選択した文字の段落の前と後にアキが挿入されました❶。オプションバーの○をクリックして確定します❷。 Enter キーを押しても確定できます。

POINT

先頭行
先頭行には、[段落前のアキ]を設定してもアキは入りません。

184 段落テキストの行頭や行末にアキを入れる

段落パネルのインデントを使うと、段落の行頭や行末にアキを入れられます。
[1行目左/上インデント]を使うと、1行目の行頭だけのアキを設定でき、字下げやぶら下げも設定できます。

第9章 ▶ 184.psd

1 サンプルファイルを開きます。横書き文字ツール T を選択し❶、行頭や行末にアキを挿入したい段落のテキストを選択します❷。

縦組みのテキストでは、左は上、右は下にアキができる

設定する段落にカーソルが挿入されているか、一文字以上選択されていればよい

2 段落パネルを開き、[左/上インデント]に行頭のアキ量を設定し❶、[右/下インデント]に行末のアキ量を設定します❷。

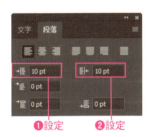

ここでは、[左/上インデント]と[右/下インデント]の両方を設定しているが、どちらか一方でもよい

3 選択した文字の段落の行頭と行末にアキが挿入されました❶❷。

❶ [左/上インデント]によるアキ
❷ [右/下インデント]によるアキ

POINT

1行目左/上インデントによる字下げ

[1行目左/上インデント]を使うと、一行目の行頭だけにアキが入り、字下げできます。

[1行目左/上インデント]によるアキ

ぶら下げインデント

[左インデント]の設置した値のマイナス値を[1行目左/上インデント]に設定すると、行頭に「・」などの約物を入力したときのぶら下げインデントに設定できます。

[左/上インデント]によるアキ
[1行目左/上インデント]によるアキ

247

上付き文字、下付き文字にする

上付き文字や下付き文字は、簡単に設定できます。ただし、思ったような位置にならないときは、調整が必要となります。

第9章 ▶ 185.psd

1 サンプルファイルを開き、横書き文字ツール❶を選択し❶、下付き文字にする文字「2」を選択します❷。

2 文字パネルの［下付き文字］をクリックすると❶、選択した文字が下付き文字になります❷。

3 文字が下に行きすぎているので、文字パネルのベースラインシフトの値を変更して調整します❶❷。

POINT

上付き文字、下付き文字のキーボードショートカット

Shift + Ctrl + +　　　　上付き文字にする
Shift + Ctrl + Alt + +　　下付き文字にする

Macでは、キーは次のようになります。　Ctrl → ⌘　　Alt → option　　Enter → return

禁則処理を設定する

186

Adobe Photoshop は、印刷からWeb制作まで幅広く使用されます。Adobeには、ほかにも優れたグラフィックツールが揃っています。

禁則処理は、句読点が行頭などに来ないように、日本語ルールに則った文字レイアウトにする機能です。初期設定では「強い禁則」が適用されます。サンプルファイルを開いて、機能を確認してください。

 第9章 ▶ 186.psd

禁則処理とは

サンプルファイルを開きます。禁則処理は、行頭に句読点が来ないようにします。段落パネルの[禁則処理]で設定し、初期設定は「強い禁則」になっています。通常は、「強い禁則」でかまいません。

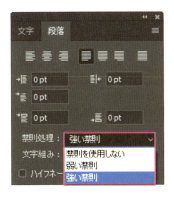

初期設定の[強い禁則]を適用

[なし]を適用。
行頭に「、」が来て、日本語のルールに合わなくなる

禁則処理の方式

段落パネルメニューの[禁則調整方式]で、禁則処理する際の調整方式を選択できます。

追い込み優先：禁則処理文字を前行に追い込むのを優先する
追い出し優先：禁則処理文字を後行に追い出すのを優先する
追い出しのみ：禁則処理文字は追い出しのみ

[追い込み優先]を適用

[追い出し優先]を適用

ぶら下がりを設定する

187

ぶら下がりは、段落テキストに行揃えが[均等配置]または[両端揃え]が適用されている際に、行末の句読点等をテキストエリアの外側に出す処理のことをいいます。初期設定では、適用されていません。

第9章 ▶ 187.psd

1 サンプルファイルを開き、横書き文字ツール T を選択します❶。設定による変化がわかりやすいように、行内の文中をクリックしてカーソルを挿入します❷。

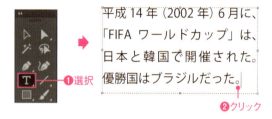

2 段落パネルメニューの[ぶら下がり]から[標準]を選択します❶。テキストエリア内に入りきらない1行目の「、」がエリア外にぶら下げられました❷。

❷ ぶら下がりが設定された

POINT

ぶら下がりの適用

ぶら下がりは、禁則処理が適用されており、行揃えが[均等配置]または[両端揃え]が適用されている、段落テキストのテキストレイヤーが対象となります。

POINT

標準と強制

ぶら下がりの[標準]は、行末に来た句読点等がエリア内に入りきらない場合にぶら下げられます。
[強制]は、行末に来た句読点等はすべてぶら下げられます。

[強制]は、行末の句読点はすべてぶら下がりになる

スペルチェック

スペルチェックでミススペルをチェックし、正しいスペルに置換できます。

第9章 ▶ 188.psd

1 サンプルファイルを開き、[編集] メニュー→ [スペルチェック] を選択します❶。スペルミスした箇所がハイライト表示され❷、[スペルチェック] ダイアログボックスにも該当箇所が表示されます❸。

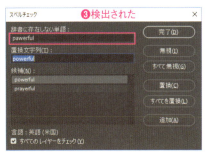

2 [候補] から正しいスペルの単語を選択し❶、この単語だけ置き換える場合は [置換]、すべて置換するには [すべてを置換] をクリックします❷。ミススペルの単語が置換されます❸。修正しない場合は [無視] または [すべて無視] をクリックします。

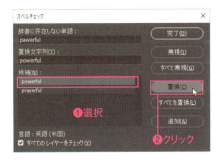

3 「スペルチェックが完了しました。」と表示されたら [OK] をクリックします❶。

文字を画像に変換する

189

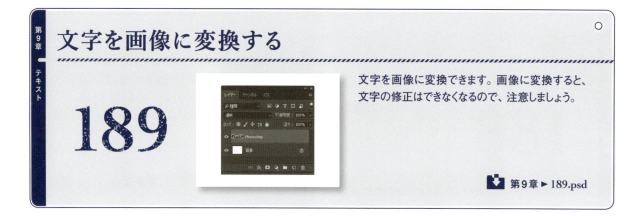

文字を画像に変換できます。画像に変換すると、文字の修正はできなくなるので、注意しましょう。

第9章 ▶ 189.psd

1 サンプルファイルを開き❶、レイヤーパネルでテキストレイヤーを選択します❷。

2 ［書式］メニュー→［テキストレイヤーをラスタライズ］を選択します❶。テキストレイヤーがラスタライズされて、画像になりました❷。レイヤー名は、変換前のテキストレイヤーの名称がそのまま残ります。

252　　Macでは、キーは次のようになります。　Ctrl → ⌘　　Alt → option　　Enter → return

文字をシェイプに変換する

文字をシェイプに変換すると、パス選択ツールでの変形が可能になります。シェイプとなるため、文字の修正はできなくなるので、ご注意ください。

第9章 ▶ 190.psd

1 サンプルファイルを開き❶、レイヤーパネルでテキストレイヤーを選択します❷。

2 [書式]メニュー→[シェイプに変換]を選択します❶。テキストレイヤーがシェイプに変換されました❷。レイヤー名は、変換前のテキストレイヤーの名称がそのまま残ります。

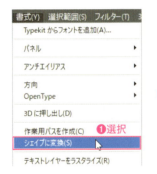

テキストツールなど、選択しているツールによってはパスが表示される

3 シェイプに変換されたので、パス選択ツール で選択すると、アンカーポイントを移動して変形できます❶。

POINT

作業用パスを作成

文字の輪郭のパスを使用したいときは、テキストレイヤーを選択して[書式]メニュー→[作業用パスを作成]を選択します。文字の輪郭の作業用パスが作成されます。

253

文字に色を付ける

文字の色は、あとからでも修正できます。レイヤー全体を修正することも、文字ごとに色を設定することもできます。

第9章 ▶ 191.psd

1 サンプルファイルを開き❶、レイヤーパネルでテキストレイヤーを選択します❷。

2 文字パネル（または属性パネル）のカラーボックスをクリックします❶。［カラーピッカー（テキストカラー）］ダイアログボックスが表示されるので、色を選択して❷、［OK］をクリックします❸。文字色が選択した色になります❹。

POINT
文字ごとに色を設定する

横書き文字ツール T で文字を選択すると、選択した文字だけ色を設定できます。

POINT
描画色、背景色にする

描画色、背景色に設定するには、キーボードショートカットを使用します。

描画色にする　　[Alt] + [Delete]
背景色にする　　[Ctrl] + [Delete]

Macでは、キーは次のようになります。　[Ctrl] → ⌘　　[Alt] → [option]　　[Enter] → [return]

文字の輪郭に色を付ける

文字の輪郭に色を付けるには、レイヤー効果の[境界線]を使います。

192 Photoshop

第9章 ▶ 192.psd

1 サンプルファイルを開き❶、レイヤーパネルでテキストレイヤーのレイヤー名のない部分をダブルクリックします❷。

2 [レイヤースタイル]ダイアログボックスが表示されるので、左側の[スタイル]から[境界線]の名称部分をクリックします❶。右側が[境界線]の設定画面になるので、カラーボックスをクリックして[カラーピッカー(境界線)]ダイアログボックスで境界線の色(ここでは[白])を設定します❷。[サイズ]で境界線の線幅(ここでは「2」)を設定し❸、位置で境界線の位置(ここでは[外側])を設定します❹。設定したら[OK]をクリックします❺。文字の輪郭に色が付きます❻。

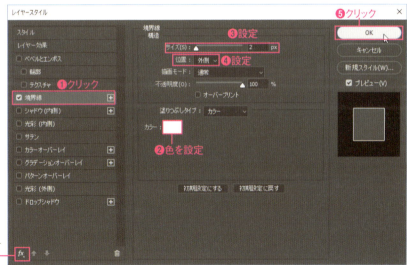

スタイル名が表示されない場合は、ここをクリックして表示されるメニューから[すべての効果を表示]を選択

❻輪郭に色が付いた

POINT

やり直し可能

レイヤー効果なので、レイヤーパネルに表示された[境界線]をダブルクリックすると、再度[レイヤースタイル]ダイアログボックスが表示され、設定を変更できます。

255

文字をワープ変形する

193

ワープテキストを使うと、テキストレイヤーの文字を円弧や波形などに変形できます。文字は編集可能です。

第9章 ▶ 193.psd

1 サンプルファイルを開き❶、レイヤーパネルでテキストレイヤーを選択します❷。

2 ［書式］メニュー→［ワープテキスト］を選択します❶。

3 ［ワープテキスト］ダイアログボックスが表示されるので、［スタイル］から変形するスタイル（ここでは［円弧］）を選択します❶。プレビューを見ながら、必要に応じてオプションを設定し❷、［OK］をクリックします❸。

4 テキストが変形します❶。レイヤーパネルのサムネールには、ワープテキストが適用されているアイコンで表示されます❷。

POINT

スタイル

スタイルには、さまざまな形状が選択できます。プレビューを見ながら、設定を変更してみてください。
［なし］に設定すると、ワープテキストは解除され、元の状態に戻ります。

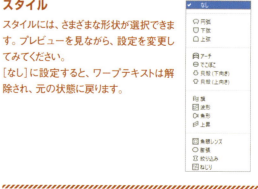

Macでは、キーは次のようになります。 Ctrl → ⌘ Alt → option Enter → return

シェイプとパスの操作

Photoshopはピクセル画像を扱うグラフィックソフトですが、ベクター型式のデータも混在できます。図形となるシェイプ、選択範囲として使うパスがベクター形式です。ここではそのパスとシェイプの操作について説明します。

第10章

移動可能なオブジェクトとして長方形や楕円形を描く

194

シェイプを使うと、Illustratorのようなオブジェクトとして図形を描画できます。
変形も可能なので、Webバナーなどの作成に便利です。

1 新規ドキュメントを作成し、長方形ツール■を選びます❶。オプションバーで［シェイプ］を選択します❷。［塗り］、［線］、［線幅］を設定し❸（ここでは［塗り］は［ブラック］、［線］は［なし］）、任意のサイズにドラッグします❹。ドラッグしたサイズの長方形が作成されます❺。

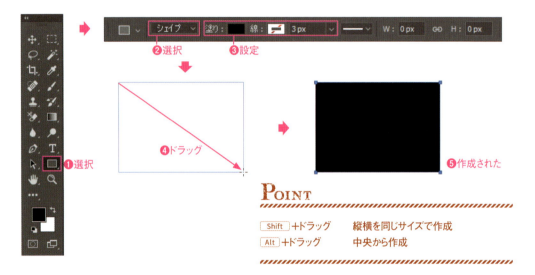

POINT

| Shift ＋ドラッグ | 縦横を同じサイズで作成 |
| Alt ＋ドラッグ | 中央から作成 |

2 レイヤーパネルには、シェイプレイヤーが追加されます❶。

POINT

長方形ツール■のサブツールから、ほかの形状のシェイプを作成できます。P.259の「星形やハートを描く」も参照ください。
角丸長方形ツール■：角丸長方形
楕円形ツール●：楕円形
多角形ツール●：多角形（星形）
ラインツール／：直線
カスタムシェイプツール：カスタムシェイプ

星形やハートを描く

195

多角形ツール◯を使うと星形のシェイプを作成できます。カスタムシェイプツール☆を使うと、オプションバーで選択した形状のシェイプを作成できます。ここでは、そのひとつとしてハートを描いてみます。

星形を描く

新規ドキュメントを作成します。多角形ツール◯を選びます❶。オプションバーで［シェイプ］を選択します❷。［塗り］、［線］、［線幅］を設定します（任意の設定でかまいません）❸。［角数］に角の数を入力します❹。✿をクリックして❺、表示されたポップアップウィンドウの［星形］にチェックを付けます❻。ドラッグすると❼、星形が作成されます❽。

星形の色などはあとからでも変更できるが、角の数などは作成時しか設定できない

カスタムシェイプでハートを描く

カスタムシェイプツール☆を選びます❶。オプションバーで［シェイプ］を選択します❷。［塗り］、［線］、［線幅］を設定します（任意の設定でかまいません）❸。［シェイプ］をクリックして❹、表示されたポップアップウィンドウから［ハートカード］を選択します❺。ドラッグすると❻、ハートが作成されます❼。

第10章 シェイプとパスの操作

ペンツールで線を描く

196

ペンツールを使うと、Illustratorと同様の曲線の描画が可能です。ここでは、ペンツールでのさまざまな線の書き方を解説します。

連続線を描く

1 新規ドキュメントを作成し、ペンツール を選びます❶。オプションバーで[シェイプ]を選択します❷。[塗り]、[線]、[線幅]を設定します❸。

画面では[塗り]は[なし]、[線]はオレンジ、[線幅]は「3px」だが、[塗り]を「なし」以外は、任意の設定でかまわない

2 始点をクリックし❶、次の線の角をクリックします❷。クリックするごとに❸、直線で結ばれます❹。Esc キーを押すと終了します❺。

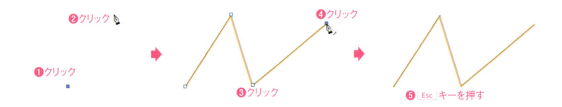

曲線を描く

始点からドラッグします❶。方向線が表示されますが、これは線ではありません。次の点でも同様にドラッグします❷。始点と2点目が曲線で結ばれます❸。3点目もドラッグします❹。Esc キーを押すと終了します❺。

260　　　　　Macでは、キーは次のようになります。　Ctrl → ⌘　　Alt → option　　Enter → return

直線から曲線を描く

2点をクリックして直線を描きます❶。2点目からドラッグして方向線を出します❷。3点目でドラッグします❸。2点目と3点目が曲線で結ばれます❹。Escキーを押すと終了します❺。

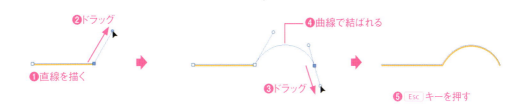

曲線から直線を描く

曲線を描きます❶。2点目をAltキーを押しながらクリックします❷。2点目の外側に出ている方向線が消えます❸。次の点をクリックします❹。2点目と3点目が直線で結ばれます❺。Escキーを押すと終了します❻。

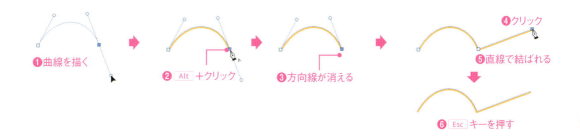

山型の曲線を描く

曲線を描きます❶。2点目にカーソルを合わせ❷、Altキーを押しながらドラッグします❸。3点目もドラッグします❹。2点目と3点目が曲線で結ばれます❺。Escキーを押すと終了します❻。

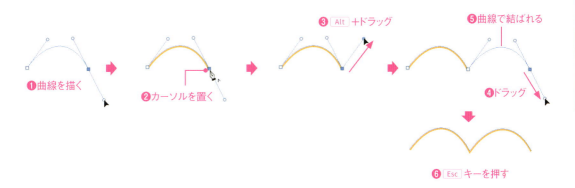

シェイプの線や塗りの色、線の太さなどを設定する

第10章 シェイプとパスの操作

197

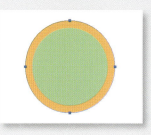

描画したシェイプの[線]や[塗り]の色、線の太さは、あとから変更できます。サンプルを使って、変更してみましょう。

📥 第10章 ▶ 197.psd

---

1 サンプルファイルを開きます。パスコンポーネント選択ツール ▶ を選びます❶。オプションバーの[選択]で[すべてのレイヤー]を選択します❷。
円のシェイプをクリックして選択します❸。

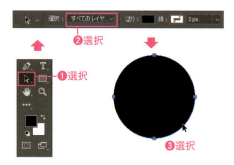

2 [塗り]のカラーボックスをクリックします❶。カラー設定のポップアップが開くので、スウォッチから色をクリックして設定します(任意の色でかまいません)❷。シェイプの[塗り]の色が変わります❸。

POINT

作成時に設定する

[塗り][線]の色や、線幅は、シェイプの作成時に設定してもかまいません。作成するツールを選択した際に、オプションバーで設定してください。

3 [線]のカラーボックスをクリックします❶。カラー設定のポップアップが開くので、スウォッチから色をクリックして設定します(任意の色でかまいません)❷。[線幅]を設定します(ここでは「20px」)❸。シェイプの[線]の色と線幅が変わります❹。

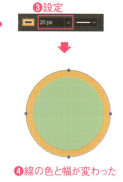

262　　Macでは、キーは次のようになります。　Ctrl → ⌘　Alt → option　Enter → return

線の種類、線端や角の形状を設定する

198

描画したシェイプの線には、線の種類や、線端、角の形状などの線オプションを設定できます。破線にも設定でき、設定によっては線分による破線ではなく円の点線にできます。

第10章 ▶ 198.psd

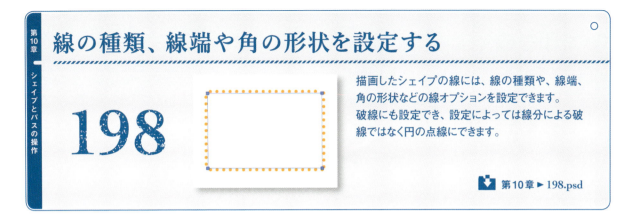

1 サンプルファイルを開きます。パスコンポーネント選択ツール を選びます❶。オプションバーの[選択]で[すべてのレイヤー]を選択し❷、シェイプをクリックして選択します❸。選択したら[シェイプの線の種類を設定]をクリックします❹。ポップアップウィンドウが開いたら、[詳細オプション]をクリックします❺。

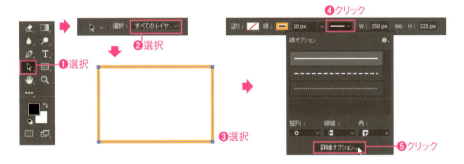

2 [線]ダイアログボックスが開きます。[整列]で[外側]を選択し❶、[線端]で[円]を選択します❷。[破線]にチェックを付け❸、[ダッシュ]に「0」[間隔]に「2」を入力します❹。[OK]をクリックすると❺、線の設定が適用されます❻。

POINT

破線の設定

破線は、[ダッシュ]で線の部分の長さ、[間隔]で線と線の間隔を設定します。[ダッシュ]を「0」にすると、線はなくなりますが、[先端]に[円]を指定しているので、円が並ぶようになります。

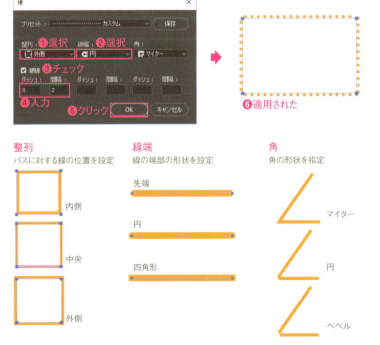

263

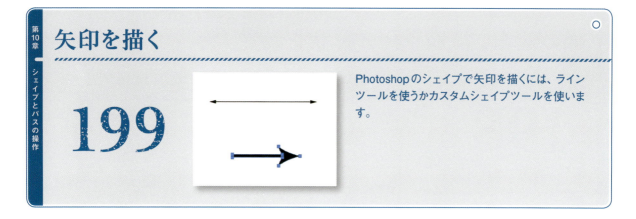

矢印を描く

Photoshopのシェイプで矢印を描くには、ラインツールを使うかカスタムシェイプツールを使います。

ラインツールで描く

新規ドキュメントを作成します。ラインツール を選びます❶。オプションバーで［シェイプ］を選択します❷。［塗り］に任意の色❸、［線］を「なし」に設定します❹。［線の太さ］に太さを入力します❺。 をクリックして❻、表示されたポップアップウィンドウの［開始点］と［終了点］で、矢印にする側にチェックを付けます（ここでは両方チェック）❼。ドラッグすると❽、矢印が作成されます❾。

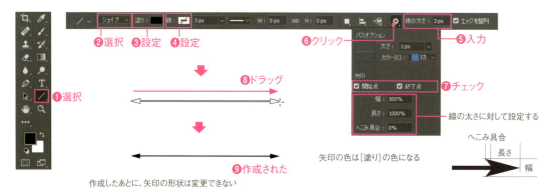

カスタムシェイプで描く

カスタムシェイプツール を選びます❶。オプションバーで［シェイプ］を選択します❷。［塗り］に任意の色❸、［線］を「なし」に設定します❹。［シェイプ］をクリックして❺、表示されたポップアップウィンドウから［矢印 5］を選択します❻。ドラッグすると❼、矢印が作成されます❽。

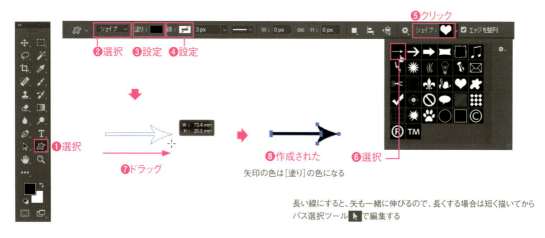

パスを操作して変形する

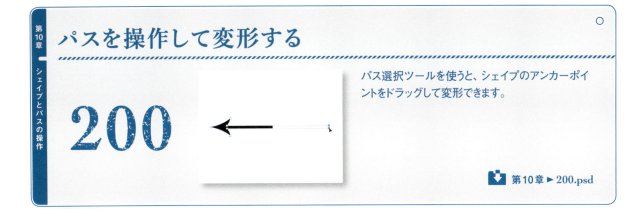

パス選択ツールを使うと、シェイプのアンカーポイントをドラッグして変形できます。

第10章 ▶ 200.psd

サンプルファイルを開き、パス選択ツール を選びます❶。オプションバーの［選択］で［すべてのレイヤー］を選択します❷。シェイプの右端を囲むようにドラッグします❸。ドラッグして囲まれたアンカーポイントが選択されます❹。パス選択ツール では、クリックやドラッグして囲んだアンカーポイントが移動などの編集対象となります。選択したアンカーポイントを右側に Shift キーを押しながらドラッグします❺。 Shift キーを押すと、移動方向が水平・垂直・45度に限定されるので、線部分を曲げずに伸ばせます。

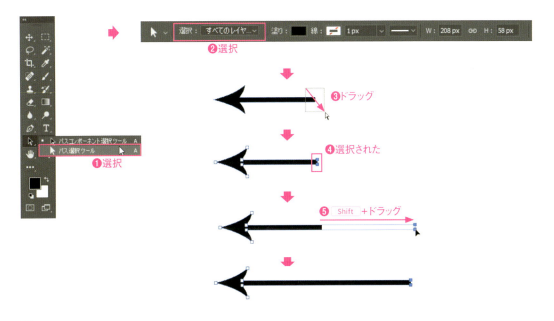

Point

アンカーポイントの方向線をドラッグして変形する

ペンツール などで作成したシェイプは、パス選択ツール でアンカーポイント選択し❶、表示される方向線をドラッグして❷、曲線の形状を編集できます❸。

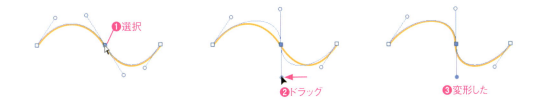

シェイプとパスの違いを理解する

201

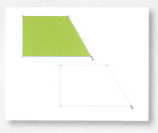

シェイプとパスは似ていますが、用途が異なります。ピクセルと合わせて違いを覚えておきましょう。新規ドキュメントを作成したうえで、いろいろと試してみてください。

シェイプは図形、パスは選択範囲

長方形ツール▣などの図形を描くツールは、オプションバーで［シェイプ］［パス］［ピクセル］のいずれかを選択できます❶。どれを選択しても図形の描画方法は同じですが、作成されるものが異なります。

［シェイプ］は❷、Illustratorの図形と同じように、［塗り］や［線］を指定できるベクター形式の図形となります。シェイプレイヤーが作成されるので、レイヤーとしてほかの画像レイヤーと同じようにレイヤー効果や調整レイヤーを利用できます。

［パス］は❸、選択範囲を作成するのがおもな目的で、パスパネルに表示されます。パスパネルで選択しなければ、パスは表示されません。パスから選択範囲を作成したり、内側を塗りつぶしたり、境界線をブラシの線で塗ったりできます。元が図形なので、境界線のはっきりした選択範囲の作成に使います。

［ピクセル］は❹、ドラッグした図形がピクセルとして描画されラスター形式画像になるので、対象となるレイヤーに画像があれば上から塗りつぶすようになります。ピクセル描画なので、シェイプのようにオブジェクトとして移動したり変形することはできません。

❶選択できる

❷シェイプ

❸パス

❹ピクセル

シェイプとパスは構造が同じ

シェイプとパスはどちらも構造は同じで、Illustratorと同様に、アンカーポイントと方向線で定義されているベクター形式です。
パスコンポーネント選択ツール▶を使えば、オブジェクトとして選択して移動したり、変形できます。また、パス選択ツール▶を使うと、アンカーポイントや方向線を操作して形状を自由に変形できます❶。

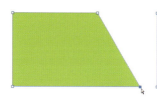

❶パス選択ツール▶を使うと、シェイプもパスもアンカーポイントや方向線を操作して編集できる

Illustratorのパスをシェイプやパスとして利用する

202

Illustratorで描画したオブジェクトは、Photoshopのシェイプやパスとして利用できます。コピー&ペーストでIllustratorからPhotoshopに持って行けるので、Illustratorが得意なユーザーには便利な機能です。

第10章 ▶ 202.ai、202.psd

1 Illustrator CCでサンプルファイル「202.ai」を開きます❶。選択ツール を選びます❷。オブジェクト全体を囲むようにドラッグして選択し❸、Ctrl キーと C キーを押してコピーします❹。

2 Photoshopでサンプルファイル「202.psd」を開いて（白紙です）、Ctrl キーと V キーを押してペーストします❶。[ペースト]ダイアログボックスが表示されるので、[シェイプレイヤー]を選択して❷、[OK]をクリックします❸。画面中央にペーストされ❹、レイヤーパネルにはシェイプレイヤーが追加されます❺。

❶ Ctrl ＋ V キーを押す

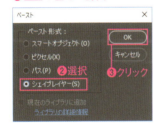

POINT

パスとしてペーストする

[ペースト]ダイアログボックスで、[パス]を選択すると❶、パスとしてペーストされます❷。パスパネルには、作業用パスが追加されます❸。

オリジナルのシェイプを登録する

203

カスタムシェイプツールで入力できるシェイプは、独自で作成した形状の図形を登録して利用できます。ここでは、サンプルファイルを使って登録してみましょう。

第10章 ▶ 203.psd

1 サンプルファイルを開きます❶。パスコンポーネント選択ツール を選びます❷。オプションバーの［選択］で［すべてのレイヤー］を選択し❸、シェイプ全体を囲むようにドラッグして選択します❹。

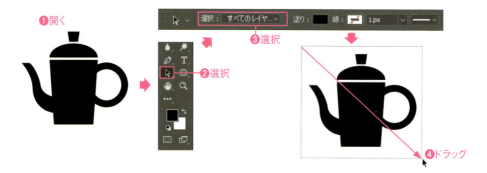

2 選択したシェイプを右クリックして❶、表示されたメニューから［カスタムシェイプを定義］を選択します❷。［シェイプの名前］ダイアログボックスが表示されるので、［シェイプ名］にシェイプの名称（ここでは「pot1」）を入力し❸、［OK］をクリックします❹。

3 カスタムシェイプツール を選びます❶。オプションバーのシェイプをクリックして❷、表示されたポップアップウィンドウに追加したシェイプが表示されることを確認します❸。

パスに沿ってブラシで線を描く

204

長方形ツールなどの図形ツールで作成したパスに沿って、設定したブラシのストロークと描画色で線を描けます。

第10章 ▶ 204.psd

1 サンプルファイルを開き、パスパネルで［作業用パス］を選択します❶。サンプルファイルに作成してあったパスが表示されます❷。

2 レイヤーパネルを開き、［新規レイヤーを作成］をクリックします❶。「レイヤー1」レイヤーが作成され、選択されます❷。

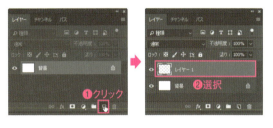

3 ブラシツールを選択します❶。オプションバーの［クリックでブラシプリセットピッカーを開く］をクリックし、パスに沿って描画する線のブラシを選択し❷、直径等を設定します（ここでは、［ソフト円ブラシ］を選択し、直径を「20px」に設定）❸。カラーパネル等で、描画色を設定します（任意の色でかまいません）❹。

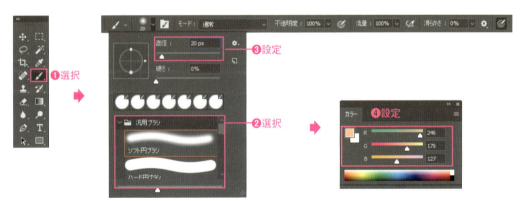

4 パスパネルで［ブラシでパスの境界線を描く］をクリックします❶。パスに沿って描画色とブラシの設定で境界線が描かれました❷。線は選択した「レイヤー1」レイヤーに描画されます❸。

第10章 シェイプとパスの操作

269

パスの内側を塗りつぶす

205

Photoshopでは、パスの内側を描画色で塗りつぶせます。塗りつぶした部分は、シェイプではなく、通常の画像となります。

第10章 ▶ 205.psd

1 サンプルファイルを開き、パスパネルで［作業用パス］を選択します❶。サンプルファイルに作成してあったパスが表示されます❷。

2 レイヤーパネルを開き、［新規レイヤーを作成］をクリックします❶。「レイヤー1」レイヤーが作成され、選択されます❷。

3 カラーパネル等で、［描画色］を設定します（任意の色でかまいません）❶。

4 パスパネルで［パスを描画色を使って塗りつぶす］をクリックします❶。パスの内側が描画色で塗りつぶされました❷。塗りつぶされた画像は、「レイヤー1」レイヤーに描画されます❸。

パスからシェイプを作成する

パスからシェイプを作成して、指定した色で塗りつぶせます。ここでは、べた塗りのシェイプを作成しますが、グラデーションやパターンで塗ったシェイプを作成することもできます。

第10章 ▶ 206.psd

1 サンプルファイルを開きます。パスパネルの「作業用パス」をクリックします❶。ファイルに保存されていたパスが表示されます❷。

2 [レイヤー] メニュー→ [新規塗りつぶしレイヤー] → [べた塗り] を選択します❶。

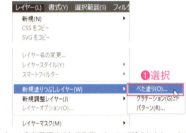

[グラデーション] を選択するとグラデーションで塗られたシェイプ、[パターン] を選択するとパターンで塗られたシェイプを作成できる

3 [新規レイヤー] ダイアログボックスが表示されるので、そのまま [OK] をクリックします❶。[カラーピッカー（べた塗りのカラー）] ダイアログボックスが表示されるので、シェイプの色（任意）を設定し❷、[OK] をクリックします❸。

4 パスからシェイプ作られて、設定した色で塗りつぶされます❶。レイヤーパネルには、シェイプレイヤーが作成されます❷。

271

シェイプからパスを作成し境界線にブラシで線を描く

207

シェイプには、線の色を設定できますが、ブラシのような柔らかい線は描画できません。シェイプの境界線にブラシで境界線を描くには、シェイプのパスから作業用をパスを作成します。

📁 第10章 ▶ 207.psd

1 サンプルファイルを開き❶、レイヤーパネルでシェイプレイヤー [多角形1] を選択します❷。パスパネルにシェイプのパスである「多角形1シェイプパス」が表示されるので、[新規パスを作成] にドラッグします❸。「多角形1シェイプパスのコピー」が作成されるので、選択した状態にします❹。このパスは、シェイプとは別の作業用のパスとなります。

2 レイヤーパネルで [多角形1] レイヤーを非表示にして❶、[新規レイヤーを作成] をクリックして❷、新しいレイヤーを作成します❸。これは、境界線を描くためのレイヤーです。シェイプは非表示になるので、作業用パスだけが表示されます❹。

この先の詳細は、P.269 の「パスに沿ってブラシで線を描く」を参照

3 ブラシツールを選択し❶、オプションバーでブラシの形状や [直径] を設定します❷。[描画色] を設定したら❸、パスパネルの [ブラシでパスの境界線を描く] をクリックします❹。パスに沿って描画色とブラシの設定で境界線が描かれます❺。

Macでは、キーは次のようになります。 Ctrl → ⌘ Alt → option Enter → return

同一レイヤーにシェイプを複数作る

208

シェイプを作成すると、初期設定では、新しいシェイプレイヤーが作成されます。シェイプの作成時の設定によって、同じシェイプレイヤー内に複数のシェイプ図形を作成できます。

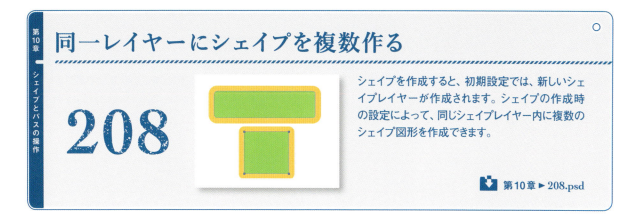

第10章 ▶ 208.psd

1 サンプルファイルを開きます❶。レイヤーパネルでシェイプレイヤー[角丸長方形1]を選択します❷。

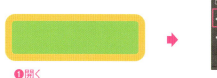

2 シェイプの作成ツールを選択します(ここでは長方形ツール)❶。オプションバーで[シェイプ]を選択し❷、[パスの操作]をクリックして❸、[シェイプを結合]を選択します❹。

3 ほかのシェイプと重ならないようにドラッグしてシェイプを作成します❶。レイヤーパネルに、新しいシェイプレイヤーができずに、選択したレイヤーにシェイプが追加されたことを確認します(サムネールが変わっています)❷。

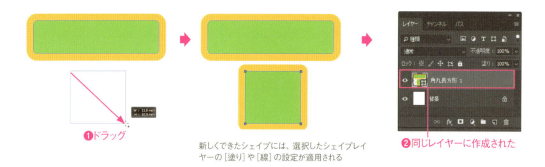

新しくできたシェイプには、選択したシェイプレイヤーの[塗り]や[線]の設定が適用される

273

シェイプの交差部分から図形を作成する

209

同じシェイプレイヤーに作成した複数の図形を重ねると、さまざまな形状の図形を作成できます。単純な合成から、重なった部分だけの図形を作成することも可能です。

 第10章 ▶ 209.psd

1 サンプルファイルを開き、レイヤーパネルでシェイプレイヤー［角丸長方形1］を選択します❶。パスコンポーネント選択ツール を選択し❷、オプションバーの［パスの操作］をクリックして❸、［シェイプを結合］になっていることを確認します❹。下側のシェイプをクリックして選択します❺。

2 選択したシェイプを、上のシェイプに重なるようにドラッグします❶。ふたつのシェイプが結合します❷。境界線は、ふたつのシェイプからできた合成図形のアウトラインに沿って描かれます。

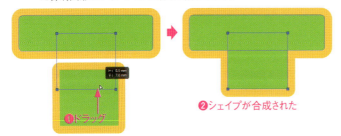

POINT

シェイプの作成時に［パスの操作］を選択する

ここでは、作成したシェイプを重ねて［パスの操作］で形状を変更していますが、シェイプを作成するときに、オプションバーの［パスの操作］で、どのように合成するかを決めることもできます。

3 オプションバーの［パスの操作］をクリックして❶、［前面シェイプを削除］を選択します❷。シェイプの重なった部分が削除された形状になります❸。

4 オプションバーの[パスの操作]をクリックして❶、[シェイプ範囲を交差]を選択します❷。シェイプが重なった部分の形状になります❸。

5 オプションバーの[パスの操作]をクリックして❶、[シェイプが重なる領域を中マド]を選択します❷。シェイプの重なった部分だけが削除された形状になります❸。

6 オプションバーの[パスの操作]をクリックして❶、[シェイプを結合]を選択します❷。シェイプが合成された形状に戻ります❸。

7 オプションバーの[パスの操作]をクリックして❶、[シェイプコンポーネントを結合]を選択します❷。ダイアログボックスが表示されたら[はい]をクリックします❸。重なっていた合成されたシェイプが、ひとつのシェイプに結合されます❹。

POINT

シェイプの重なり順を変更する

オプションバーの[パスの配置]をクリックして、表示されたメニューから、シェイプの重なり順を変更できます。

第10章 シェイプとパスの操作

275

同一レイヤーのシェイプを整列させる

210

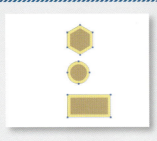

同じシェイプレイヤー内のシェイプは、指定した位置に整列させることができます。図形を組み合わせるときなどに、きれいに並べるのに便利な機能です。

第10章 ▶ 210.psd

1 サンプルファイルを開きます、パスコンポーネント選択ツールを選択し❶、オプションバーの[選択]で[すべてのレイヤー]を選択します❷。すべてのシェイプを囲むようにドラッグして❸、すべてのシェイプを選択します❹。

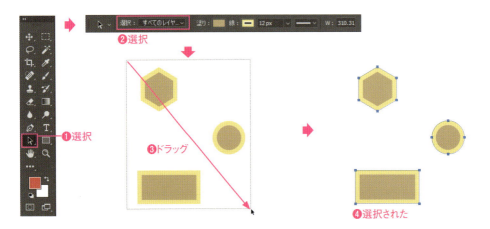

2 オプションバーの[パスの整列]をクリックし❶、[選択範囲に揃える]にチェックが付いていることを確認し（チェックが付いていないときは選択してチェックを付ける）❷、[左端]を選択します❸。選択したシェイプのパスの一番左端にすべてのシェイプの左端が揃います❹。

[カンバスに揃える]を選択すると、カンバスに対してシェイプのパスが揃う

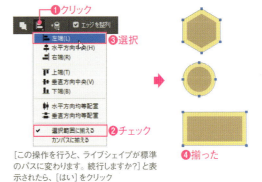

[この操作を行うと、ライブシェイプが標準のパスに変わります。続行しますか?]と表示されたら、[はい]をクリック

POINT

パスも同様

パスも、パスパネルで同じパス内のパスであれば、オプションバーの[パスの整列]で整列できます。

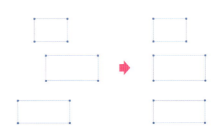

複数レイヤーのシェイプを整列させる

211

複数のレイヤーに分かれているシェイプをきれいに整列させるには、選択範囲を作成して揃えます。ちょっとわかりにくいですが、やってみると簡単なので覚えておくと便利な機能です。

第10章 ▶ 211.psd

1 サンプルファイルを開きます❶。レイヤーパネルで3つのシェイプレイヤー「長方形1」「長方形2」「長方形3」を Shift キーを押しながらクリックして選択します❷。

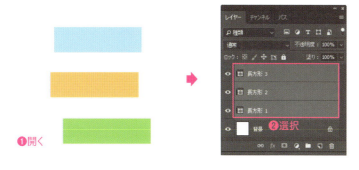

2 長方形選択ツール を選択します❶。ドラッグして、シェイプを揃える位置を定義する選択範囲を作成します❷。

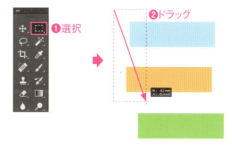

3 移動ツール を選択します❶。オプションバーで、整列する位置（ここでは［左端揃え］）をクリックします❷。選択範囲の左端にシェイプの左端が揃いました❸。

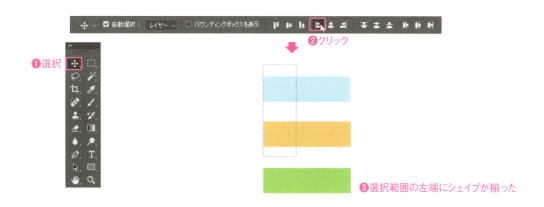

シェイプを画像に変換する

212

シェイプは、ラスタライズしてベクター形式の図形から、ラスター画像に変換できます。シェイプの形状の画像と、ベクトルマスクを使って切り抜くふたつの方法があるので、用途によって使いやすいほうを使ってください。

📥 第10章 ▶ 212.psd

1 サンプルファイルを開きます❶。レイヤーパネルで画像にするシェイプレイヤー（ここでは「シェイプ1」レイヤー）を選択します❷。

2 ［レイヤー］メニュー→［ラスタライズ］→［シェイプ］を選択します❶。見た目は変わりませんが、シェイプが画像に変わります❷。レイヤーパネルのシェイプレイヤーは、画像レイヤーに変わります❸。

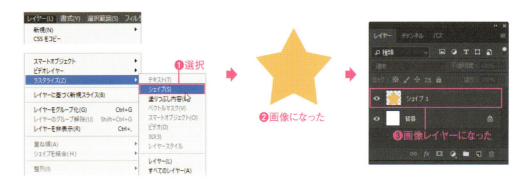

3 Ctrlキーと Zキーを押して、シェイプレイヤーに戻します❶。今度は、［レイヤー］メニュー→［ラスタライズ］→［塗りつぶし内容］を選択します❷。見た目は変わりませんが、シェイプが画像に変わります❸。レイヤーパネルのシェイプレイヤーは、べた塗りの画像レイヤーに変わり、シェイプのパスでベクトルマスクされた状態になります❹。

Macでは、キーは次のようになります。　Ctrl → ⌘　Alt → option　Enter → return

画像の
修正・加工

Photoshopには、画像内のゴミや不要な部分を
レタッチする多くのツールが用意されています。
また、部分的に明るさや彩度を調整することも可
能です。レイヤースタイルを使うと、レイヤーの
画像のエッジに影や光彩、境界線を付けるなど
の効果を付けられます。本章では、画像の修正
や加工について解説します。

第11章

画像のゴミを消去する

213

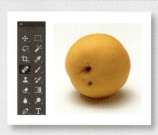

画像のゴミの消去には、いくつか方法がありますが、修復箇所が細かく数が多いときはスポット修復ブラシツールを使います。

第11章 ▶ 213.psd

1 サンプルファイルを開きます。スポット修復ブラシツール を選び❶、オプションバーで［コンテンツに応じる］を選択します❷。[]キーや[]キーを押して、ブラシのサイズを修復する部分よりも少し大きく設定してクリックします❸。クリックした部分が修復されます❹。

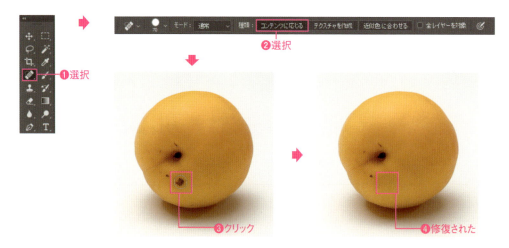

2 ほかの場所も、修復する部部よりも少し大きく設定してクリックして❶、修復します❷。同じように、気になる部分を修復します❸。

POINT

修復後に、周囲に黒いラインが出てしまうような場合は、ブラシサイズを大きくしてみてください。または、パッチツール などツールを変更してみてください。

Macでは、キーは次のようになります。 Ctrl → ⌘   Alt → option   Enter → return

画像の一部を周囲に合わせて消去する

214

画像の一部を、周囲と同じように塗りつぶして消去するにはパッチツールを使います。[ソース]を使うか[複製先]を使うかは、画像によって使い分けてください。

第11章 ▶ 214.psd

1 サンプルファイルを開きます。パッチツール を選び❶、オプションバーで、[パッチ]を[通常]に設定し❷、[ソース]を選択します❸。ドラッグして消去したい部分を選択します❹。選択した箇所を、画像の塗りつぶしたい部分にドラッグすると❺、ドラッグ先の画像で違和感がないように塗りつぶされます❻。

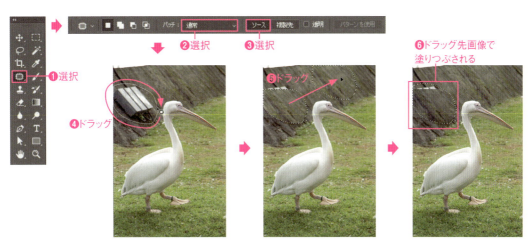

2 一度で塗りつぶせない場合は、同様にドラッグして消去したい部分を選択し❶、画像の塗りつぶしたい部分にドラッグして❷、塗りつぶします❸。

POINT
オプションバーで[複製先]を選択すると、選択範囲が塗りつぶしに使う画像になり、ドラッグ先が選択範囲の画像で塗りつぶされます。

POINT
オプションバーで[パッチ]に[コンテンツに応じる]を選択すると、ドラッグ先の画像と選択範囲の周囲の画像から選択範囲が塗られます。

第11章 画像の修正・加工

281

カンバスの透明部分を周囲に合わせて塗りつぶす

第11章 画像の修正・加工

215

画像の加工時などに、カンバスの端に透明部分ができてしまうことがあります。画像の周囲が同じような色の部分が多いようであれば、[コンテンツに応じる]で塗りつぶしすこともできます。

第11章 ▶ 215.psd

1 サンプルファイルを開きます❶。自動選択ツール を選択し❷、オプションバーで[許容値]を「32」❸、[隣接]のチェックを外し❹、周囲の透明部分をクリックします❺。透明部分が選択されます❻。

2 このまま塗りつぶすと、選択範囲の境界部分が目立つので、選択範囲を広げます。[選択範囲]メニュー→[選択範囲を変更]→[拡張]を選択します❶。[選択範囲を拡張]ダイアログボックスが表示されるので、[拡張量]を「3」に設定し❷、[カンバスの境界に効果を適用]にチェックを付けて❸、[OK]をクリックします❹。選択範囲が広がります❺。

3 [編集]メニュー→[塗りつぶし]を選択します❶。[塗りつぶし]ダイアログボックスが表示されるので、[内容]に[コンテンツに応じる]を選択し❷、[OK]をクリックします❸。選択範囲が周囲の画像に応じて塗りつぶされます❹。

Macでは、キーは次のようになります。 Ctrl → ⌘ Alt → option Enter → return

画像の一部をほかの部分に描画する

216

コピースタンプツールを使うと、画像内の指定した部分を、ほかの場所にブラシでドラッグしてコピーできます。

第11章 ▶ 216.psd

---

1 サンプルファイルを開きます❶。

❶開く

2 コピースタンプツール を選択します❶。画像内のコピー元となる場所を Alt キーを押しながらクリックします❷。離れた部分でドラッグすると❸、コピー元の画像が描画されます❹。

❶選択　❷ Alt +クリック

コピーされている場所に+が表示される
❸ドラッグ

❹コピーされた

ブラシのサイズは] キーや [キーを押して調整する

3 同様に、ほかの場所を、 Alt キーを押しながらクリックしてコピー元とし❶、ドラッグしてコピーします❷。コピー元の設定によっては、意図しない画像も描画されるので注意が必要です❸。

4 余白部分を Alt キーを押しながらクリックしてコピー元とし❶、ドラッグしてコピーして消去します❷。

❶ Alt +クリック

❷ドラッグ
❸余分な場所までコピーされた

❶ Alt +クリック

❷ドラッグ

第11章　画像の修正・加工

283

画像の一部をほかの部分に移動する

217

コンテンツに応じた移動ツールを使うと、画像の一部をほかの部分に移動できます。移動元も移動先も、移動後の違和感がないように塗りつぶされます。

第11章 ▶ 217.psd

1 サンプルファイルを開きます❶。コンテンツに応じた移動ツールを選択します❷。オプションバーで、[モード]に[移動]を選択します❸。

❶開く

❸選択
❷選択

モード： [移動]は移動、[拡張]は複製を作る
構造： コンテンツに応じる忠実度。7がもっとも忠実で、1は弱い
カラー： カラーをなじませる強さを設定する。10が最大で、0では無効
ドロップ時に変形：
移動先で変形ハンドルにより拡大・縮小や回転が可能になる

2 移動したい部分をドラッグして囲み❶、選択します❷。少し大きめに選択するとよいでしょう。

❶ドラッグ

❷選択された

3 選択範囲の内部をドラッグして移動します❶。移動先に、変形ハンドルが表示され❷、確定前ならハンドルをドラッグして拡大・縮小や回転が可能です。ここでは、そのままオプションバーの○をクリックします❸。選択した画像が移動しました❹。元の画像に重なった部分もきれいに塗りつぶされます。

❶ドラッグ

❷表示される

❸クリック

❹移動した

Macでは、キーは次のようになります。 Ctrl → ⌘　Alt → option　Enter → return

第11章 画像の一部を明るくする、暗くする

218

覆い焼きツールを使うと、ドラッグして画像の一部を明るくできます。また、焼き込みツールを使うと、ドラッグして画像の一部を暗くできます。どちらも非破壊編集ではないので、レイヤーをコピーしてから利用するようにしてください。

📥 第11章 ▶ 218.psd

1 サンプルファイルを開きます❶。レイヤーパネルで「覆い焼き」レイヤーを選択します❷。「焼き込み」レイヤーは非表示であることを確認してください❸。

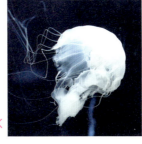

2 覆い焼きツール を選択します❶。オプションバーで、[範囲]を[中間調]❷、[露光量]を「50%」❸、[トーンを保護]にチェックを付けます❹。①キーや①キーを押して、ブラシのサイズを設定し(ここでは「400px」)何度もドラッグします❺。ドラッグするたびに明るくなります。

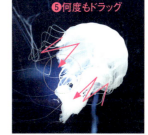

範囲：	[中間調]は中間調、[シャドウ]は暗い領域、[ハイライト]は明るい領域を変更する
露光量：	明るさを変更させる強さを設定。大きいほうが変化する
トーンを保護：	色相の変化を防ぎ、シャドウとハイライトのクリッピングを防ぐ

3 レイヤーパネルで「焼き込み」レイヤーを選択して表示し❶、「覆い焼き」レイヤーを非表示にします❷。焼き込みツール を選択します❸。オプションバーで、[範囲]を[中間調]❹、[露光量]を「50%」❺、[トーンを保護]にチェックを付けます❻。①キーや①キーを押して、ブラシのサイズを設定し(ここでは「400px」)何度もドラッグします❼。今度は、ドラッグするたびに暗くなります。

オプションバーの設定は、覆い焼きツールと共通

画像の一部をぼかす・シャープにする

219

ぼかしツールを使うと、ドラッグして画像の一部をぼかせます。また、シャープツールを使うと、ドラッグして画像の一部をシャープにできます。どちらも非破壊編集ではないので、レイヤーをコピーしてから利用するようにしてください。

第11章 ▶ 219.psd

1 サンプルファイルを開きます❶。レイヤーパネルで「ぼかし」レイヤーを選択します❷。「シャープ」レイヤーは非表示であることを確認してください❸。

2 ぼかしツール を選択します❶。オプションバーで、[モード]を[比較(明)]❷、[強さ]を「100%」❸、[ ] キーや [[ ] キーを押して、ブラシのサイズを設定し(ここでは「400px」)何度もドラッグします❹。ドラッグするたびにぼけていきます。

モード：描画モードを選択
強さ：変化の強さを設定

3 レイヤーパネルで「シャープ」レイヤーを選択して表示し❶、「ぼかし」レイヤーを非表示にします❷。シャープツール を選択します❸。オプションバーで、[モード]を「比較(明)」❹、[強さ]を「100%」❺、[ディテールを保護]にチェックを付けます❻。[ ] キーや [[ ] キーを押して、ブラシのサイズを設定し(ここでは「400px」)何度もドラッグします❼。今度はドラッグするたびにシャープになります。

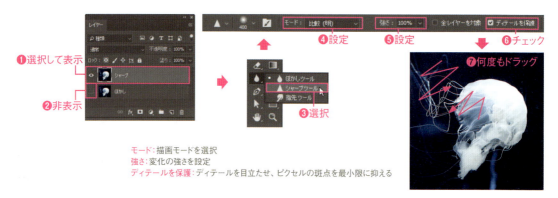

モード：描画モードを選択
強さ：変化の強さを設定
ディテールを保護：ディテールを目立たせ、ピクセルの斑点を最小限に抑える

指先でこすったように画像を加工する

指先ツールを使うと、画像のドラッグした部分を指先でこすったように加工できます。非破壊編集ではないので、レイヤーをコピーしてから利用するようにしてください。

第11章 ▶ 220.psd

1 サンプルファイルを開きます❶。この画像は、ハートのシェイプの前面に、白いハイライトの点が描画されています。白いハイライトの描かれている「ハイライト」レイヤーを選択します❷。

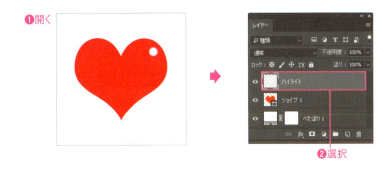

2 指先ツールを選択します❶。オプションバーで、[モード]を[通常]❷、[強さ]を「50%」❸、[フィンガーペイント]のチェックを外してオフに設定します❹。[ ]キーや[ ]キーを押して、ブラシのサイズを設定し（ここでは「200px」）、ハイライトの上からハートの輪郭に沿うようにドラッグします❺。

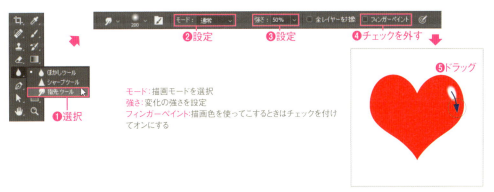

モード：描画モードを選択
強さ：変化の強さを設定
フィンガーペイント：描画色を使ってこするときはチェックを付けてオンにする

3 同様に、ハートの輪郭に沿うように何度かドラッグして、ハイライト部分を伸ばします❶❷。

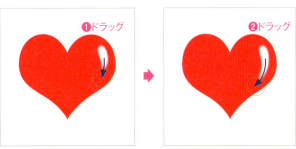

画像の一部を鮮やかにする

221

スポンジツールを使うと、画像のドラッグした部分の彩度を調整できます。非破壊編集ではないので、レイヤーをコピーしてから利用するようにしてください。

第11章 ▶ 221.psd

1 サンプルファイルを開きます❶。レイヤーパネルで「レイヤー0」レイヤーを選択します❷。「レイヤー1」レイヤーは非表示であることを確認してください❸。

2 スポンジツールを選択します❶。オプションバーで、[彩度]を[上げる]❷、[流量]を「100%」❸に設定し、[自然な彩度]にチェックを付けます❹。[キーや]キーを押して、ブラシのサイズを設定し(ここでは「400px」)何度かドラッグします❺。ドラッグするたびに彩度が上がり鮮やかになります。

3 レイヤーパネルで「レイヤー1」レイヤーを選択して表示し❶、「レイヤー0」レイヤーを非表示にします❷。オプションバーで[彩度]を「下げる」に設定し❸、同じように何度かドラッグします❹。今度はドラッグするたびに彩度が下がります。

自然な彩度：チェックを付けると、カラーの彩度が最高またはない場合のクリッピングを最小化する

Macでは、キーは次のようになります。 Ctrl → ⌘　Alt → option　Enter → return

画像を絵画調に変更する

222

[フィルター] メニュー→ [フィルターギャラリー] を使うと、画像を絵画調に変更できます。フィルター効果は、何種類も用意されており、複数の効果を適用できます。

📁 第11章 ▶ 222.psd

---

1 サンプルファイルを開きます❶。レイヤーパネルで「レイヤー1」レイヤーを選択します❷。このレイヤーは非破壊編集のために、スマートオブジェクトに変換してあります。[フィルター] メニュー→ [フィルターギャラリー] を選択します❸。

❶開く

❷選択

❸選択

2 ダイアログボックスが表示されるので、適用する効果を選択します（ここでは [パレットナイフ]）❶。右側で、選択した効果に対する詳細な設定が可能なので、プレビューを見ながら設定を変更します（設定項目は選択した効果によって変わります）❷。

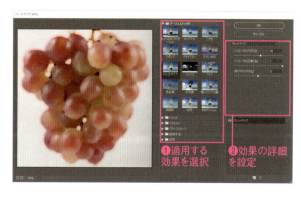
❶適用する効果を選択　❷効果の詳細を設定

3 右下の [新しいエフェクトレイヤー] をクリックすると❶、新しい効果が追加されます❷。同じように、適用する効果を選択し（ここでは [粗いパステル画]）❸、右側で選択した効果に対する設定を変更します❹。設定したら、[OK] をクリックします❺。画像が絵画調に変更されました❻。レイヤーパネルには、スマートフィルターとして [フィルターギャラリー] と表示され❼、ダブルクリックすると設定を編集できます。

❻変更された

❺クリック　❹設定　❷追加される　❸適用する効果を選択　❶クリック

❼表示される

効果は下から順番に適用される。レイヤーと同様に、ドラッグして順番を変更できる。👁をクリックして非表示にできる

289

第11章 フィルターを使って外観を変える

画像の修正・加工

223

[フィルター]メニューには、画像の外観を変えるさまざまな効果が用意されています。ここでは、[フィルターギャラリー]以外の、よく使うフィルターを使って外観を変えてみます。

第11章 ▶ 223.psd

1 サンプルファイルを開きます❶。レイヤーパネルで「レイヤー1」レイヤーを選択します❷。このレイヤーは非破壊編集のために、スマートオブジェクトに変換してあります。[フィルター]メニュー→[ピクセレート]→[モザイク]を選択します❸。

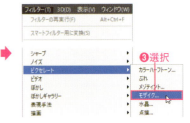

2 [モザイク]ダイアログボックスが表示されるので、[セルの大きさ]でモザイクのサイズを設定し(ここでは「20」)❶、[OK]をクリックします❷。画像に[モザイク]フィルターが適用されました❸。レイヤーパネルには、スマートフィルターとして[モザイク]と表示され❹、ダブルクリックすると、設定を編集できます。ここではほかのフィルターを適用するので、[モザイク]の[個々のスマートフィルターの表示/非表示]をクリックして非表示にします❺。

3 [フィルター]メニュー→[ピクセレート]→[カラーハーフトーン]を選択します❶。[カラーハーフトーン]ダイアログボックスが表示されるので、設定値を変更し(ここでは初期設定のまま)❷、[OK]をクリックします❸。画像に[カラーハーフトーン]フィルターが適用されました❹。

290　　　Macでは、キーは次のようになります。　Ctrl → ⌘　　Alt → option　　Enter → return

4 レイヤーパネルで、スマートフィルターとして［カラーハーフトーン］と表示されるのを確認して［個々のスマートフィルターの表示/非表示］❷をクリックして非表示にします❶。［フィルター］メニュー→［表現手法］→［ソラリゼーション］を選択します❷。画像に［ソラリゼーション］フィルターが適用されます❸。

❶確認して非表示にする

❷選択

❸適用された

5 レイヤーパネルで、スマートフィルターとして［ソラリゼーション］と表示されるのを確認して［個々のスマートフィルターの表示/非表示］❷をクリックして非表示にします❶。［フィルター］メニュー→［表現手法］→［輪郭検出］を選択します❷。画像に［輪郭検出］フィルターが適用されます❸。

❶確認して非表示にする

❷選択

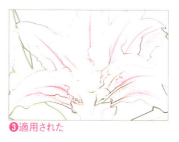
❸適用された

6 レイヤーパネルで、スマートフィルターとして［輪郭検出］と表示されるのを確認して［個々のスマートフィルターの表示/非表示］❷をクリックして非表示にします❶。［フィルター］メニュー→［変形］→［波紋］を選択します❷。［波紋］ダイアログボックスが表示されるので、プレビューを見ながら［量］と［振幅数］を設定します（ここでは、それぞれ「525」と［小］）❸。［OK］をクリックします❹。

❶確認して非表示にする

❷選択

❸設定　❹クリック

7 画像に［波紋］フィルターが適用されます❶。スマートフィルターとして［波紋］と表示されるのを確認し❷、［モザイク］の［個々のスマートフィルターの表示/非表示］❸をクリックして表示します❸。画像に［波紋］と［モザイク］のふたつのフィルターが適用されます❹。

フィルターは下から順番に適用される。ドラッグして順番を変更できる

❶適用された

❷確認
❸表示

❹ふたつのフィルターが適用された

ぼかしギャラリーで画像にぼかしを入れる

224

[ぼかしギャラリー]を適用すると、さまざまな形状のぼかしを画像に適用できます。ここでは、すべての種類のぼかしの使い方を簡単に紹介します。それぞれ、サンプルファイルを初期状態にして作業してください。

第11章 ▶ 224.psd

第11章 画像の修正・加工

フィールドぼかし

1 サンプルファイルを開きます❶。レイヤーパネルで「レイヤー1」レイヤーを選択します❷。このレイヤーは非破壊編集のために、スマートオブジェクトに変換してあります。[フィルター]メニュー→[ぼかしギャラリー]→[フィールドぼかし]を選択します❸。

2 ぼかしギャラリーワークスペースが表示されます。ぼかしピンが表示されるので、ぼかしの中心にドラッグして移動して配置します(任意の位置に配置してください)❶。ぼかしピンを選択すると、周囲にぼかしの強さを調整できるハンドルが表示されるので、ドラッグして強さを調整します❷。[OK]をクリックすると❸、画像にぼかしが適用されます❹。レイヤーパネルには、スマートフィルターとして[ぼかしギャラリー]と表示され❺、ダブルクリックすると、設定を編集できます。

ぼかしピンは、クリックして追加できる

292　　Macでは、キーは次のようになります。　Ctrl → ⌘　Alt → option　Enter → return

虹彩絞りぼかし

[虹彩絞りぼかし]は、円状に画像をぼかします。[フィルター]メニュー→[ぼかしギャラリー]→[虹彩絞りぼかし]を選択し、ぼかしギャラリーワークスペースを表示します❶。プレビューに光彩絞りぼかしピンが表示されるので、ぼかしの中心にドラッグして移動して配置します（任意の位置に配置してください）❷。光彩絞りぼかしピンを選択すると、ぼかし領域を調整するハンドルが表示されるので、ドラッグして調整します❸。ぼかしツールパネルの[ぼかし]でぼかし量を設定し（フィールドぼかしのようにピンのハンドルでも設定可）❹、[OK]をクリックすると❺、画像にぼかしが適用されます❻。

❶表示する

虹彩絞りぼかしピンは、ハンドルの外側ならクリックして追加できる

チルトシフト

[チルトシフト]は、線状に画像をぼかします。[フィルター]メニュー→[ぼかしギャラリー]→[チルトシフト]を選択し、ぼかしギャラリーワークスペースを表示します❶。プレビューにチルトシフトぼかしピンが表示されるので、ぼかしの中心にドラッグして移動して配置します（任意の位置に配置してください）❷。チルトシフトぼかしピンを選択すると、ぼかし領域を調整するラインが表示されるので、ドラッグして調整します（両側を調整してください）❸❹。ぼかしツールパネルの[ぼかし]でぼかし量を設定し（フィールドぼかしのようにピンのハンドルでも設定可）❺、[OK]をクリックすると❻、画像にぼかしが適用されます❼。

❶表示する

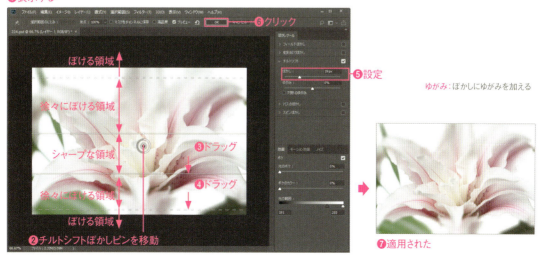

チルトシフトぼかしピンは、ハンドルの外側ならクリックして追加できる

パスぼかし

[パスぼかし]は、設定したパスに沿ってぼかしが入ります。[フィルター]メニュー→[ぼかしギャラリー]→[パスぼかし]を選択し、ぼかしギャラリーワークスペースを表示します❶。プレビューにパスが表示されたら、オプションバーの[すべてのピンを削除します]をクリックして削除します❷。画像上にパスを入力します。クリックしてポイントを作成するとポイント間が曲線でつながります❸❹。終点はダブルクリックします❺。ぼかしのパスを入力したら、ぼかしツールパネルで、ぼかしのかかり具合をプレビューを見ながら設定し❻、[OK]をクリックします❼。画像にぼかしが適用されます❽。

パスは複数作成できる。Alt+クリックで、直線接続となる

スピンぼかし

[スピンぼかし]は、画像を回転させるようにぼかします。[フィルター]メニュー→[ぼかしギャラリー]→[スピンぼかし]を選択し、ぼかしギャラリーワークスペースを表示します❶。スピンぼかしピンが表示されるので、ぼかしの中心にドラッグして移動して配置します(任意の位置に配置してください)❷。スピンぼかしピンを選択すると、ぼかし領域を調整するハンドルが表示されるので、ドラッグして調整します❸。ぼかしツールパネルの[ぼかし角度]でぼかしの角度を設定し(スピンぼかしピンのハンドルでも設定可)❹、[OK]をクリックすると❺、画像にぼかしが適用されます❻。

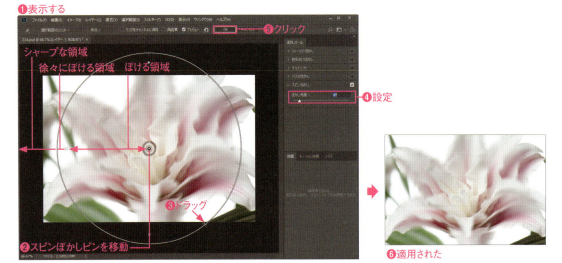

スピンぼかしピンは、ハンドルの外側ならクリックして追加できる

画像を[スマートシャープ]でシャープにする

225

画像を全体的にシャープにするには[スマートシャープ]フィルターを使います。非破壊編集にするために、スマートオブジェクトに変換するか、レイヤーのコピーを作成してから使用してください。

第11章 ▶ 225.psd

1 サンプルファイルを開きます❶。レイヤーパネルで「レイヤー1」レイヤーを選択します❷。このレイヤーは非破壊編集のために、スマートオブジェクトに変換してあります。右側の鳥の胸のあたりをシャープにします。

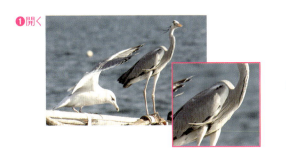

2 [フィルター]メニュー→[シャープ]→[スマートシャープ]を選択します❶。[スマートシャープ]ダイアログボックスが表示されるので、シャープにしたい部分をプレビューで見ながら、設定を調整します(ここでは[プリセット]の「デフォルト」から[量]を「250」に変更)❷。調整したら[OK]をクリックします❸。

量:シャープの適用量を設定
半径:シャープの適用範囲を設定
ノイズを軽減:不要なノイズを軽減する
除去:シャープのアルゴリズムを選択

3 画像に適用されました(誌面ではわかりづらいですが、胸のあたりがシャープになっています)❶。レイヤーパネルには、スマートフィルターとして[スマートシャープ]と表示され❷、ダブルクリックすると、設定を編集できます。

ハイパスを使ってシャープにする

226

[ハイパス]フィルターを使うと、画像のエッジ部分を強調した画像に変換できます。この画像と描画モードを併用すると、画像をシャープにできます。

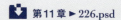
第11章 ▶ 226.psd

1 サンプルファイルを開きます❶。レイヤーパネルで「ハイパス用」レイヤーを選択します❷。このレイヤーは「レイヤー1」レイヤー」の画像と同じですが、非破壊編集のために、スマートオブジェクトに変換してあります。[フィルター]メニュー→[その他]→[ハイパス]を選択します❸。

2 [ハイパス]ダイアログボックスが表示されるので、プレビューを見ながら、グレースケールで花のエッジが際立つように[半径]の値を小さく調整し(ここでは「3.6」)❶、[OK]をクリックします❷。画像にフィルターが適用されます❸。

3 レイヤーパネルで、「ハイパス用」レイヤーの[描画モード]を[リニアライト]に設定し❶、[不透明度]を「50%」に設定します❷。「ハイパス用」レイヤーの画像が「レイヤー1」の画像と合成され、画像のエッジがシャープになります❸。

このサンプルでは[リニアライト]を使用したが、画像によっては、[オーバーレイ]や[ハードライト]を使用する

画像のエッジに光彩をつける

227

Photoshopでは、マスクされているか、透明部分があるレイヤーに対して、画像のエッジに光彩をつけることができます。レイヤーに対する効果なので、やり直しのできる非破壊編集が可能です。

第11章 ▶ 227.psd

1 サンプルファイルを開きます❶。レイヤーパネルでテキストレイヤーである「PS」レイヤーの、レイヤー名のない部分をダブルクリックします❷。

❶開く

❷ダブルクリック

2 ［レイヤースタイル］ダイアログボックスが表示されるので、左側の［スタイル］の一覧から、［光彩（外側）］を選択します❶。右側の設定欄で、［光彩（外側）］のかかり方を設定し❷、［OK］をクリックします❸。

描画モード：描画モードを設定
不透明度：不透明度を設定
ノイズ：光彩にノイズを加える
カラーとグラデーション：光彩のカラー（グラデーション）を選択。ボックスをクリックして設定を変更できる
テクニック：［さらにソフトに］は柔らかく、［精細］は精細な光彩になる
スプレッド：レイヤーマスクを拡大してぼかす幅を設定
サイズ：光彩のぼかしの幅を設定
輪郭：光彩の形状
範囲：輪郭の適用範囲を設定
適用度：光彩のグラデーションの開始位置をランダムにする

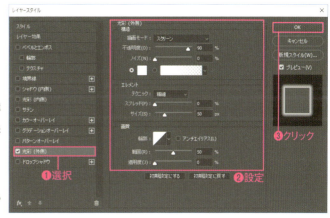

3 「PS」レイヤーに［光彩（外側）］が適用されました❶。レイヤーパネルには、レイヤースタイルとして［光彩（外側）］と表示され❷、ダブルクリックすると、設定を編集できます。

❶適用された

❷表示される

第11章 画像のエッジに影をつける

228

Photoshopでは、マスクされているか、透明部分があるレイヤーに対して、画像のエッジに影をつけることができます。CC 2015からは、複数の影を適用できるようになりました。レイヤーに対する効果なので、やり直しのできる非破壊編集が可能です。

第11章 ▶ 228-1.psd、228-2.psd

1 サンプルファイル「228-1.psd」を開きます❶。レイヤーパネルでレイヤーマスクされている「レイヤー1」レイヤーの、レイヤー名のない部分をダブルクリックします❷。

❶開く

❷ダブルクリック

2 [レイヤースタイル]ダイアログボックスが表示されるので、左側の[スタイル]の一覧から、[ドロップシャドウ]を選択します❶。右側の設定欄で、[ドロップシャドウ]のかかり方を設定し❷、[OK]をクリックします❸。

描画モード：描画モードを設定
不透明度：不透明度を設定
角度：影の角度を設定
包括光源を使用：ほかの効果と同じ光源を使用するにはチェックを付ける
距離：画像のエッジと影の距離を設定
スプレッド：レイヤーマスクを拡大してぼかす幅を設定
サイズ：影のぼかしの幅を設定
輪郭：影の形状
ノイズ：影にノイズを加える
レイヤーがドロップシャドウをノックアウト：レイヤーの画像が不透明のとき、影が透過して見えないようにする

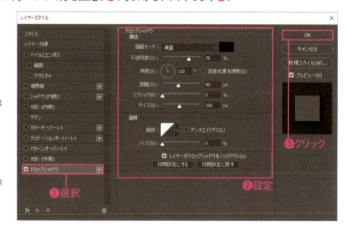

3 「レイヤー1」レイヤーに[ドロップシャドウ]が適用されました❶。レイヤーパネルには、レイヤースタイルとして[ドロップシャドウ]と表示され❷、ダブルクリックすると、設定を編集できます。

❶適用された

❷表示される

ドロップシャドウの二重適用

1 CC 2015から、ドロップシャドウが複数適用できるようになりました。ここでは、二重に適用してみましょう。サンプルファイル「228-2.psd」を開きます❶。レイヤーパネルでレイヤーマスクされている「レイヤー1」レイヤーの、レイヤー名のない部分をダブルクリックします❷。

❶開く

❷ダブルクリック

2 [レイヤースタイル]ダイアログボックスが表示されるので、左側の[スタイル]の一覧から、[ドロップシャドウ]を選択します❶。右側の設定欄で、[ドロップシャドウ]のかかり方を設定します❷。ここでは、[不透明度]を小さく、[距離]や[サイズ]を大きめに設定して、薄く大きな影に設定しています。ドロップシャドウの右側の田をクリックします❸。

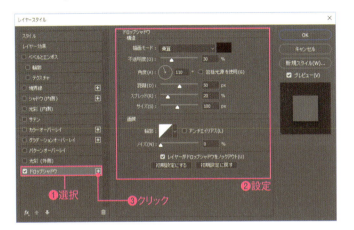

3 左側の[スタイル]の一覧に[ドロップシャドウ]が追加されるので、下側の[ドロップシャドウ]を選択します❶。右側の設定欄で、[ドロップシャドウ]のかかり方を設定します❷。ここでは、[不透明度]を大きく、[距離]や[サイズ]を小さめに設定して、濃い小さな影に設定しています。設定したら[OK]をクリックします❸。画像には、ふたつのドロップシャドウが適用されます❹。レイヤーパネルには、レイヤースタイルとして[ドロップシャドウ]がふたつ表示されます❺。

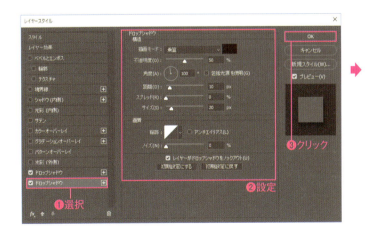

❹適用された

❺表示される

299

画像のエッジに境界線を描く

229

Photoshopでは、マスクされているか、透明部分があるレイヤーに対して、画像のエッジに境界線を描画できます。透明部分のない画像に適用すれば、縁取り線にできます。

第11章 ▶ 229.psd

1 サンプルファイルを開きます❶。レイヤーパネルで「レイヤー2」レイヤーの、レイヤー名のない部分をダブルクリックします❷。

❶開く

❷ダブルクリック

2 [レイヤースタイル] ダイアログボックスが表示されるので、左側の [スタイル] の一覧から [境界線] を選択します❶。右側の設定欄で、[境界線] の設定をします❷。[カラー] のボックスをクリックすると、[カラーピッカー] が開きカラーを選択できるので、任意のカラーに設定してください。[OK] をクリックします❸。

サイズ：境界線の幅を設定
位置：画像のエッジに対する境界線の位置を設定
描画モード：描画モードを設定
不透明度：不透明度を設定
塗りつぶしタイプ：[カラー][グラデーション][パターン]から選択
カラー：ボックスをクリックしてカラーを設定

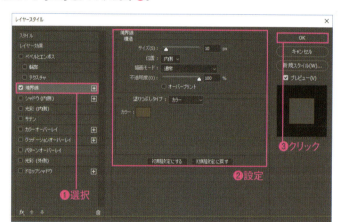

❶選択　❷設定　❸クリック

3 「レイヤー2」レイヤーに [境界線] が適用されました❶。レイヤーパネルには、レイヤースタイルとして [境界線] と表示され❷、ダブルクリックすると、設定を編集できます。

❶適用された

❷表示される

Macでは、キーは次のようになります。　Ctrl → ⌘　Alt → option　Enter → return

スタイルパネルを使って画像に効果を適用する

230

スタイルパネルには、いくつものレイヤースタイルが用意されており、ワンクリックでレイヤーに複雑な効果を適用できます。自分で作成するよりも、効率的なこともあります。また、カスタマイズも可能です。

第11章 ▶ 230.psd

1 サンプルファイルを開きます❶。レイヤーパネルで「レイヤー2」レイヤーを選択します❷。

❶開く ❷選択

2 スタイルパネルを表示します。スタイルパネルには、レイヤースタイルを組み合わせたものが登録されており、クリックするだけで選択したレイヤーに適用できます。ここでは、[OS Xシステムのドロップシャドウ]をクリックします❶。

さまざまなスタイルがあるので、クリックして適用してみるとよい

❶クリック

3 「レイヤー2」レイヤーに[OS Xシステムのドロップシャドウ]スタイルが適用されました❶。適用されたスタイルの内容は、レイヤーパネルに表示され❷、複数のレイヤースタイルが適用されているのがわかります。通常のレイヤースタイルと同様に、ダブルクリックすると、設定を編集できます。

❶適用された ❷表示される

POINT

元に戻す

スタイルパネルの[スタイルの初期設定(なし)]をクリックすると、レイヤースタイルを削除して元に戻すことができます。

クリックして元に戻せる

POINT

ライブラリを使おう

スタイルパネルメニューには、たくさんのライブラリが用意されています。選択すると、現在のパネルに追加できます。カスタマイズもできるので、参考にしてください。

レイヤースタイルをスタイルパネルに登録する

231

レイヤーに適用したレイヤースタイルは、スタイルパネルに登録できます。頻繁に使用するレイヤースタイルを登録しておけば、ワンクリックでほかのレイヤーに適用できます。

📁 第11章 ▶ 231.psd

1 サンプルファイルを開きます❶。レイヤーパネルで「レイヤー2」レイヤーを選択します❷。「レイヤー2」レイヤーには、複数のレイヤースタイル（[境界線]がふたつ、[シャドウ（内側）][ドロップシャドウ]がひとつずつ）が適用されています。このレイヤースタイルをスタイルパネルに登録します。

❶開く　❷選択

CC2014以前では、警告ダイアログボックスが表示されるので［レイヤーを保持］をクリックして開く。レイヤースタイルの内容が［シャドウ（内側）］［ドロップシャドウだけになるが、そのまま操作する

2 スタイルパネルを開き、[新規スタイルを作成]をクリックします❶。[新規スタイル]ダイアログボックスが表示されるので、[スタイル名]にスタイルの名称（名称は任意）を入力します（ここでは「和風の縁取り」）❷。[レイヤー効果を含める]にチェックを付け❸、[OK]をクリックします❹。スタイルパネルに登録されます❺。

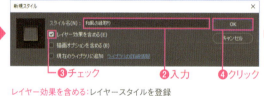

❶クリック　❸チェック　❷入力　❹クリック　❺追加された

レイヤー効果を含める：レイヤースタイルを登録
描画オプションを含める：描画モードや不透明度を登録
現在のライブラリに追加：現在選択しているライブラリにも追加する。不要ならチェックを外す

3 レイヤーパネルで「レイヤー1」レイヤーを選択します❶。スタイルパネルで、登録したスタイルをクリックします❷。「レイヤー1」レイヤーにスタイルが適用されました❸。レイヤーパネルにも、適用されたレイヤースタイルが表示されます❹。

❶選択　❷クリック　❸適用された　❹表示される

レイヤースタイルをほかのレイヤーにコピーする

232

レイヤーに適用したレイヤースタイルを、ほかのレイヤーにコピーして適用できます。同一ファイルだけでなく、ほかのファイルのレイヤーにもコピーできます。

📥 第11章 ▶ 232.psd

1 サンプルファイルを開きます❶。レイヤーパネルで「レイヤー2」レイヤーにレイヤースタイルが適用されていることを確認します❷。

CC2014以前では、警告ダイアログボックスが表示されるので[レイヤーを保持]をクリックして開く。レイヤースタイルの内容が[シャドウ(内側)][ドロップシャドウ]だけになるが、そのまま操作する

❶開く

❷確認

2 レイヤーパネルで「レイヤー2」レイヤーを右クリックし❶、表示されたメニューから[レイヤースタイルをコピー]を選択します❷。

3 レイヤーパネルで「レイヤー1」レイヤーを右クリックし❶、表示されたメニューから[レイヤースタイルをペースト]を選択します❷。

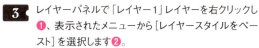

4 「レイヤー1」レイヤーに、「レイヤー2」レイヤーのレイヤースタイルがペーストされました❶。画像にもスタイルが適用されます❷。

POINT

ほかのファイルにもペーストできる

コピーしたレイヤースタイルは、ほかのファイルのレイヤーにペーストすることもできます。

❶ペーストされた

❷適用された

複数の写真からパノラマ画像を作成する

233

[Photomerge]を使うと、複数の連続写真から簡単にパノラマ画像を作成できます。

第11章 ▶ 233-1.psd、233-2.psd、233-3.psd

1 サンプルファイル「233-1.psd」「233-2.psd」「233-3.psd」を開きます❶。この3枚の画像をつなげてパノラマ写真にします。どの画像がアクティブであってもかまわないので、[ファイル]メニュー→[自動処理]→[Photomerge]を選択します❷。

❶開く

233-1.psd

233-2.psd

233-3.psd

2 [Photomerge]ダイアログボックスが表示されるので、[開いているファイルを追加]をクリックします❶。[ソースファイル]に、「233-1.psd」「233-2.psd」「233-3.psd」が追加されたことを確認します❷。ほかに開いているファイルがあって追加されたら、選択して[削除]を押しリストから削除します。[レイアウト]の[自動選択]を選択し❸、オプションにはすべてチェックを付けます❹。[OK]をクリックすると❺、パノラマ写真が作成されます❻。新しく作成されたファイルのため、名称未設定状態なので、名前を付けて保存してください。
表示される選択範囲は、[コンテンツに応じた塗りつぶしを透明な領域に適用]が有効になり、塗りつぶされた部分です。

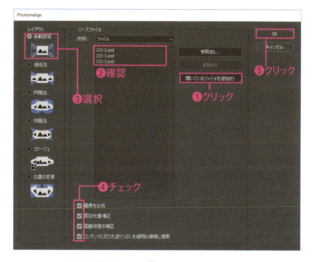

画像を合成：画像の最適な境界線につなぎ目を作成して、画像のカラーを一致させる
周辺光量補正：画像のエッジが暗くなったときに露光量を補正する
幾何学ゆがみの補正：画像の樽型収差、糸巻き型収差、魚眼型収差を補正する
コンテンツに応じた塗りつぶしを透明な領域に適用：合成した結果、透明な領域ができた場合、類似した画像で塗りつぶす

❻作成された

304　　　Macでは、キーは次のようになります。　Ctrl → ⌘　Alt → option　Enter → return

Camera Raw

［Camera Raw］のメインの機能は、RawデータをPhotoshopで扱うための現像処理ですが、かなり強力な色調補正機能も持っています。本章では、［Camera Raw］を使っての色調補正について簡単に解説します。［Camera Raw］フィルターでも同じように補正できるので、参考にしてください。

第12章

Camera Rawを理解する

234

RawデータをPhotoshopで扱うときに必須のCamera Raw。ここでは、Camera Rawの概要と、画面構成について解説します。サンプルファイルを開くと、［Camera Raw］ダイアログボックスが表示されます。

 第12章 ▶ 234.dng

デジタルカメラの設定で保存ファイルをRaw形式にしておくと、画像はRaw形式で保存されます。Photoshopでは、Raw形式のデータを直接開くことができないため、ファイルを開くときに［Camera Raw］ダイアログボックスが開き、現像処理を行ってから開きます。［Camera Raw］ダイアログボックスでは、現像処理だけでなく、色調補正や修正、トリミングなどが効率よくできるようになっています。

画像の合成やWebデザインなどはできませんが、デジタルカメラで撮影した画像の仕上げであれば、［Camera Raw］ダイアログボックスだけで十分処理できます。

補正結果をファイルとして別ファイルとして保存する
ファイル形式は、「DNG」「JPEG」「TIFF」「Photoshop」を選択できる

色調補正を行う

補正結果をPhotoshopで開く

ダイアログボックスを閉じる

補正結果を保持してダイアログボックスを閉じる
次に開いたときは、設定した補正状態で開く。補正内容は、DNGファイルのようにファイル内に保存される場合と、xmpファイルとしてRawファイルと同じフォルダーに保存される場合がある

306　　Macでは、キーは次のようになります。　Ctrl → ⌘　　Alt → option　　Enter → return

ホワイトバランスを調整する

第12章 Camera Raw

235

Camera Rawでは、[基本補正]パネルの[ホワイトバランス]で、色温度を調整できます。Photoshopにはない機能です。

📥 第12章 ▶ 235.dng

1 サンプルファイルを開きます。[Camera Raw]ダイアログボックスが開いて、サンプルファイルが表示されます❶。

❶開く

2 基本補正パネルの[ホワイトバランス]の[色温度]を調整します❶。マイナス値で青みが強くなり、プラス値で赤みが強くなります❷。いろいろ試してみたら、[キャンセル]をクリックしてダイアログボックスを閉じます❸。

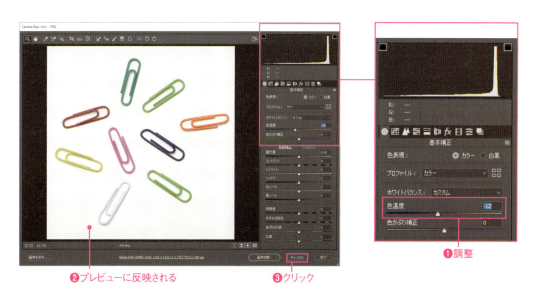

❷プレビューに反映される　❸クリック　❶調整

白とびを補正する

236

画像の一部が白く塗りつぶされてしまう「白とび」は、[Camera Raw]ダイアログボックスで、基本補正パネルの[ハイライト]と[白レベル]で補正します。

第12章 ▶ 236.dng

1 サンプルファイルを開きます。[Camera Raw]ダイアログボックスが開いて、サンプルファイルが表示されます。[ハイライトクリッピング警告]をクリックすると❶、プレビュー画像の一部が赤く表示されます❷(すでに赤く表示されていた場合は、表示が消えるので再度クリック)。これは、ピクセルの明るさが最高値になっている場所(白とびしている部分)を示しています。

2 基本補正パネルの[ハイライト]のスライダーを一番左まで動かして「-100」に設定します❶。赤い表示がなくなり、画像のディテールが見えるようになりました❷。

Macでは、キーは次のようになります。　Ctrl → ⌘　　Alt → option　　Enter → return

3 続いて、基本補正パネルの［白レベル］のスライダーを、一番左まで動かして「-100」に設定します❶。かなり穂先が鮮明に見えるようになりました❷。

4 基本補正パネルの［コントラスト］を「-30」に設定します❶。コントラスが弱まり、ソフトな感じになります❷。［画像を開く］をクリックします❸。

5 補正した状態の画像がPhotoshopで開きます❶。Photoshopファイルとしては保存されていないので、必要に応じて、名前を付けて保存してください。

Photoshopで開くと、元のRawデータは補正したデータが保持された状態になる

❶ Photoshopで開いた

黒つぶれを補正する

237

画像の一部が黒く塗りつぶされてしまう「黒つぶれ」は、[Camera Raw] ダイアログボックスで、基本補正パネルの [シャドウ] と [黒レベル] で補正します。

第12章 ▶ 237.dng

1

サンプルファイルを開きます。[Camera Raw] ダイアログボックスが開いて、サンプルファイルが表示されます。かなり黒い部分が多いですが、[シャドウクリッピング警告] をクリックして有効にすると❶、プレビュー画像の黒つぶれした部分は青く表示されますが❷、右下に細かく表示されるだけで、それほどではありません。

❶クリックする
❷細かく青く表示される（拡大表示時）

2

基本補正パネルの [シャドウ] を「+70」に設定します❶。木と木の間が見えるようになりました❷。

❶設定
❷木と木の間が見えるようになった

3

[シャドウ] を上げて全体が明るくなったので、[ハイライト] を「-60」に設定し❶、木と木の間が見える程度に明るさを抑えます❷。[完了] をクリックしてダイアログボックスを閉じます❸。次にこのファイルを開くと、補正結果が残っています。

❶設定
❷少し明るさを抑えた
❸クリック

310　　　Macでは、キーは次のようになります。　Ctrl → ⌘　　Alt → option　　Enter → return

色の要素で色調補正する

238

Camera Rawの、[HSL調整]パネルでは、色の要素で画像の色調を補正できます。ここでは、[Camera Raw]ダイアログボックスで、画像のグリーンが映えるように補正してみましょう。

第12章 ▶ 238.dng

1

サンプルファイルを開きます。[Camera Raw]ダイアログボックスが開いて、サンプルファイルが表示されます。
[HSL調整]をクリックして❶、HSL調整パネルを表示します❷。

2

HSL調整パネルの[色相]の[イエロー]を「+50」に設定します❶。グリーンが増しました❷。

3

HSL調整パネルの[色相]の[グリーン]を「+10」に設定します❶。きれいなグリーンになりました❷。
[完了]をクリックしてダイアログボックスを閉じます❸。次にこのファイルを開くと、補正結果が残っています。

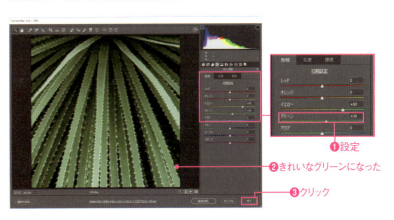

グレースケールにする

239

Camera Rawでは、設定ひとつでグレースケールに変換できます。グレースケール変換後も、元画像の色要素で明るさを調整できます。

第12章 ▶ 239.dng

1 サンプルファイルを開きます。［Camera Raw］ダイアログボックスが開いて、サンプルファイルが表示されます❶。

❶開く

2 基本補正パネルの［色表現］で［白黒］を選択します❶。画像がグレースケールに変わります❷。［補正前と補正後のビューを切り替え］Yをクリックします❸。

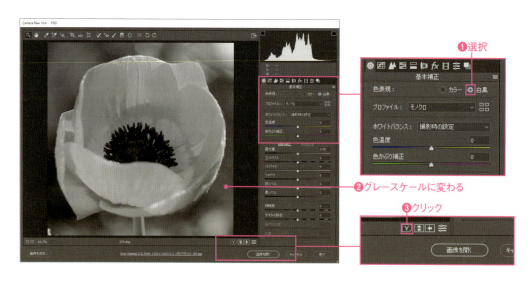

❶選択
❷グレースケールに変わる
❸クリック

Macでは、キーは次のようになります。 Ctrl → ⌘　Alt → option　Enter → return

3 左に補正前、右に補正後の画像が表示されます❶。［白黒ミックス］ をクリックして❷、白黒ミックスパネルを表示します❸。

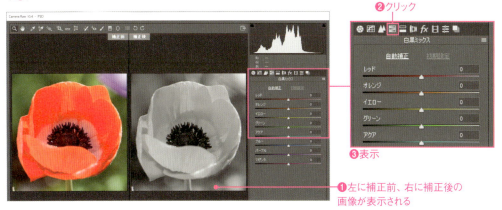

❶左に補正前、右に補正後の画像が表示される

4 花の赤い部分がかなり明るくなっているので、明るさを落とします。白黒ミックスパネルで［レッド］を「-20」、［オレンジ］を「-10」に設定します❶。花の部分の色が少し暗くなりました❷。

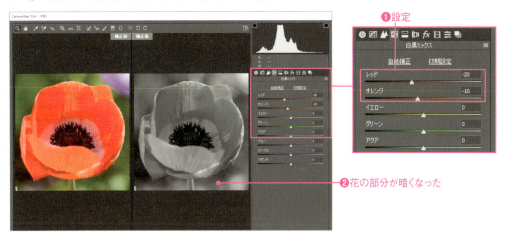

❷花の部分が暗くなった

5 ［グリーン］を「+50」に設定し❶、背景を明るくします❷。ここでは、［キャンセル］をクリックしてダイアログボックスを閉じます❸。Photoshopで開いた場合、画像はグレースケールモードで開きます。

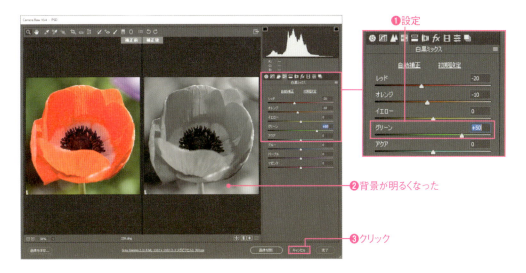

❷背景が明るくなった

❸クリック

ノイズを減らす

240

デジタルカメラが高性能になったことにより、画像にノイズが入ることは少なくなりましたが、ノイズが気になる場合は、[ノイズ軽減]でノイズを減らすことができます。

📥 第12章 ▶ 240.dng

1 サンプルファイルを開きます。[Camera Raw]ダイアログボックスが開いて、サンプルファイルが表示されます❶。プレビュー画像の一部が赤く表示されているときは、[ハイライトクリッピング警告]をクリックして表示をオフにします❷。

❶開く
❷クリックしてオフにする

2 プレビューをドラッグして左上の障子を拡大表示します❶。表示位置を変更するには、手のひらツール を選択し❷、ドラッグします。[ディテール]をクリックして、ディテールパネルを開きます❸。

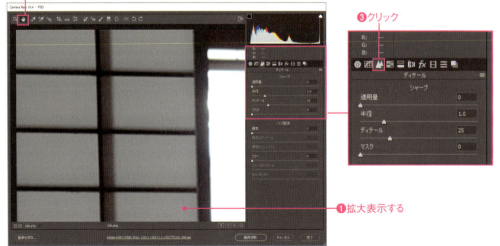

❷選択
❸クリック
❶拡大表示する

Macでは、キーは次のようになります。　Ctrl → ⌘　　Alt → option　　Enter → return

3 ディテールパネルの[ノイズ軽減]の[輝度]をノイズが見えなくなるように調整します（ここでは「50」に設定）❶。障子紙のノイズが軽減されます❷。

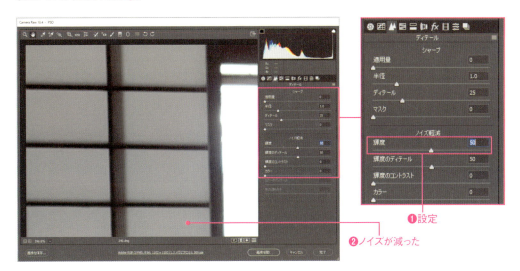

❶設定
❷ノイズが減った

4 ディテールを保持するために、ディテールパネルの[ノイズ軽減]の[輝度のディテール]を「100」に設定します❶。[輝度のディテール]は、輝度ノイズのしきい値で、大きくするとディテールは保持されますがノイズは増えることもあります。[完了]をクリックしてダイアログボックスを閉じます❷。次にこのファイルを開くと、補正結果が残っています。

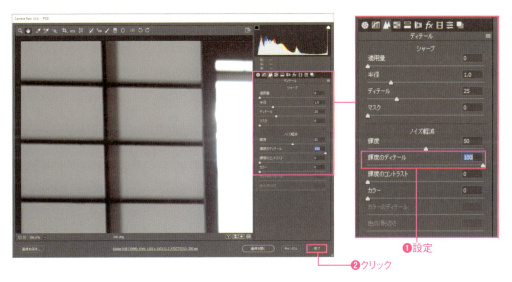

❶設定
❷クリック

POINT

ノイズ

ノイズには、画像の粒子を粗く見せる輝度ノイズと、画像内にカラーの斑点として表示される彩度（カラー）ノイズがあります。
ノイズの種類によって、ディテールパネルの[ノイズの軽減]の[輝度]と[カラー]を使い分けてください。

エッジ部分をシャープにする

241

Camera Rawにも、画像をシャープにする機能が付いています。シャープは、設定によってノイズが目立つようになりますが、[マスク]を使うことで適用領域をエッジ付近だけに限定できます。

第12章 ▶ 241.dng

1 サンプルファイルを開きます。[Camera Raw]ダイアログボックスが開いて、サンプルファイルが表示されます❶。果物の果肉の粒が見えるように画面を表示してください(ここでは「100%」)❷。

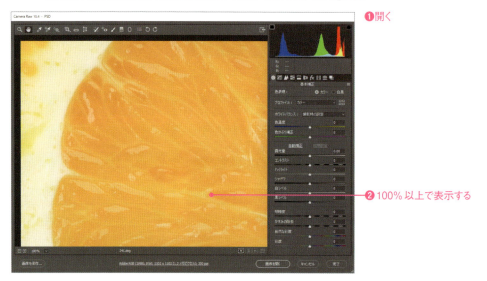

❶開く
❷100%以上で表示する

2 [ディテール]をクリックして、ディテールパネルを開きます❶。画像のシャープさを出すために、[シャープ]の[適用量]を「100」に設定します❷。果肉の粒のエッジはシャープになりましたが、ノイズも増えました❸。

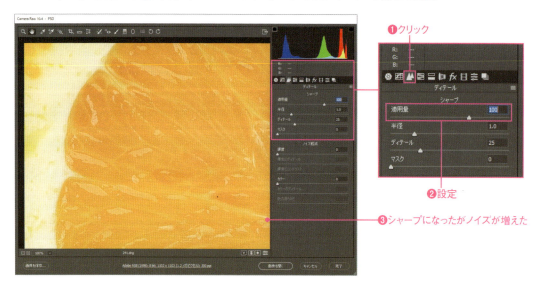

❶クリック
❷設定
❸シャープになったがノイズが増えた

Macでは、キーは次のようになります。 Ctrl → ⌘ Alt → option Enter → return

3 ［シャープ］の［半径］を「2」に設定します❶。［半径］は、シャープにする範囲を設定します。この画像ではそれほど大きな差は出ません❷。

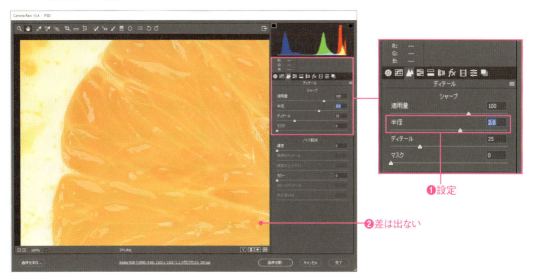

4 ［シャープ］の［ディテール］を「100」に設定します❶。［ディテール］は、値を小さくすると、エッジがシャープになって画像ぶれがなくなり、値を高くするとディテールは保持されますがテクスチャが鮮明になります。このサンプルでも、ノイズのようなテクスチャが目立つようになります❷。

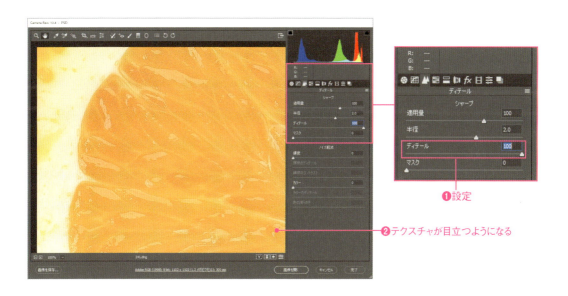

5 ［シャープ］の［マスク］を「90」に設定します❶。［マスク］は、「0」に設定すると、画像のすべてに同程度のシャープが適用され、「100」に設定すると、もっとも強いエッジに近い領域にシャープが制限されます。［マスク］の値を大きく設定したため、果肉の粒のエッジ付近にシャープが適用され、それ以外の部分はマスクされてノイズのようなテクスチャは目立たなくなりました❷。［完了］をクリックしてダイアログボックスを閉じます❸。次にこのファイルを開くと、補正結果が残っています。

POINT

マスク範囲を表示する

Alt キーを押しながら［マスク］のスライダーをドラッグすると❶、シャープになる領域は白、マスクされる領域は黒で表示されます。

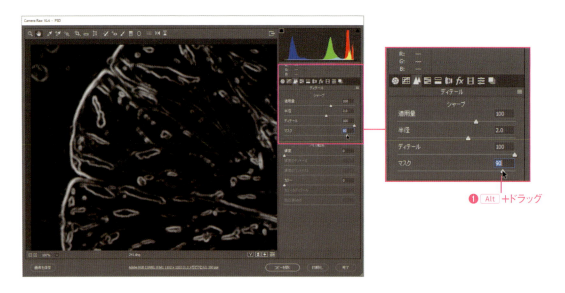

データ書き出しと
プリント

Photoshopで作成した画像は、Photoshop形式
のデータ以外に、さまざまな画像形式で書き出す
ことができます。Webデザインにおいては、レイ
ヤーごとに画像を書き出すことも多いのですが、
Photoshopにはそれに対応した機能が用意され
ています。本章ではデータ書き出しとプリントに
ついて解説します

第13章

PDFで保存する

242

Photoshopでは、画像をPDFで保存できます。PDFは、Adobe Readerなどで表示できるだけでなく、Photoshopでそのまま開くこともできます。

第13章 ▶ 242 ▶ 242.psd

1 サンプルファイルを開きます❶。[ファイル]メニュー→[別名で保存]を選択します❷。[名前を付けて保存]ダイアログボックスが表示されるので、保存場所を設定します（ここでは画像ファイルと同じフォルダー）❸。[ファイル名]で名称を入力し（ここではそのまま）❹、[ファイルの種類]（Macでは[ファイル形式]）に[Photoshop PDF (*.PDF)]を選択し❺、[保存]をクリックします❻。

CC2014以前では、警告ダイアログボックスが表示されるので[統合]をクリックして開く

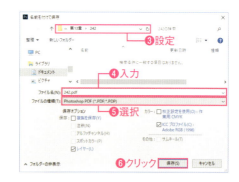

2 警告ダイアログボックスが表示されたら[OK]をクリックします❶。[Adobe PDFを保存]ダイアログボックスが表示されるので、[Adobe PDFプリセット]で[高品質印刷]を選択します❷。[PDFを保存]をクリックします❸。ダイアログボックスが表示されたら[はい]をクリックします❹。

ドキュメントの品質を落とさずに、Photoshopの編集機能を保持した状態のPDFを作成するには[高品質印刷]を選択
画像等の品質を落としても、ファイルサイズを軽くするなら[最小ファイルサイズ]を選択

3 保存したPDFをAdobe AcrobatなどのPDFビューワーで表示して確認します❶。

❶開く

POINT

パスワードや編集制限を設定

[Adobe PDFを保存]ダイアログボックスの[セキュリティ]では❶、開くときのパスワード設定や、PDFビューワーでの編集制限を設定できます。
[ドキュメントを開くときにパスワードが必要]にチェックを付けると、設定したパスワードがないとPDFを開けなくなります❷。
[文書の印刷および編集とセキュリティ設定にパスワードが必要]にチェックを付けると❸、設定した権限パスワードがないと、Adobe AcrobatなどのPDF編集ソフトで編集できなくなります。また、PDF閲覧者に、プリントの制限やコピーの制限等を設定できます。

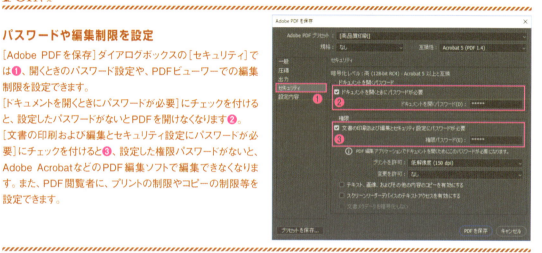

POINT

印刷用ならPDF/Xで書き出す

印刷用途のPDFなら、[Adobe PDFを保存]ダイアログボックスの[Adobe PDFプリセット]で[PDF/X1-a]や[PDF/X4]を選択します❶。
詳細は、印刷会社の指示に従ってください。

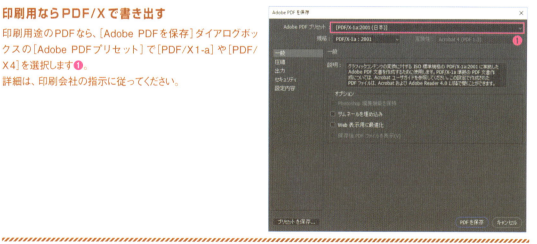

書き出し形式で画像を書き出す

243

第13章 データ書き出しとプリント

CC2015で追加された[書き出し形式]を使うと、アートボードやレイヤーを、PNG、JPEGなどの指定した画像形式で書き出せます。また、50%縮小などの倍率指定も可能です。

📥 第13章 ▶ 243 ▶ 243.psd

1 CC2015以降でサンプルファイルを開きます❶。レイヤーパネルで、「Page1」アートボードの下にいくつかのグループとレイヤーがあることを確認してください❷。[ファイル]メニュー→[書き出し]→[書き出し形式]を選択します❸。

❶開く 　❷確認 　 ❸選択

フォントがない場合は、Typekitで同期する

2 [書き出し形式]ダイアログボックスが表示されるので、ここでは等倍と2倍に拡大したPNG画像を書き出します。[ファイル設定]の[形式]で書き出す画像のファイル形式を選択します(ここでは「PNG」)❶。[すべてのスケール]で[+]をクリックして❷、書き出しサイズを追加したら[サイズ]の▼をクリックしてメニューから「2x」を選択します❸。[色空間情報]の[sRGBに変換]にチェックを付けて❹、[すべてを書き出し]をクリックします❺。サンプルはひとつのアートボードですが、複数のアートボードがある場合、プレビュー画面の右側の設定はそれぞれ個別に設定できます。

Macでは、キーは次のようになります。　Ctrl → ⌘　　Alt → option　　Enter → return

3 [フォルダを選択] ダイアログボックスが表示されるので、ファイルを書き出すフォルダーを選択します（ここでは元画像のあるフォルダー）❶。[フォルダーの選択] をクリックします❷。

4 サンプルフォルダーの保存フォルダーに、画像ファイルが書き出されたことを確認します❶。

ファイル名は、アートボード名となる。アートボードがないときはファイル名がそのまま書き出すファイル名となる
書き出し時の設定で [2x] にした画像は、ファイル名の後に接尾辞が付く

POINT

レイヤーを [書き出し形式] で書き出す

レイヤーを [書き出し形式] で書き出すには、レイヤーパネルで書き出すレイヤーを選択し（複数選択可）❶、右クリックして❷、表示されたメニューから [書き出し形式] を選択します❸。
[書き出し形式] ダイアログボックスには、出力対象として選択したレイヤーが表示されるので❹、アートボードと同様にファイル形式等を指定して書き出してください。

第13章 データ書き出しとプリント

323

クイック書き出しで画像を書き出す

244

CC2015で追加された[クイック書き出し]を使うと、スピーディーに画像全体やレイヤーをPNG、JPEGなどの指定した画像形式で書き出せます。書き出すファイル形式は、[環境設定]ダイアログボックスで設定します。

第13章 ▶ 244 ▶ 244.psd

CC2015以降でサンプルファイルを開きます❶。[ファイル]メニュー→[書き出し]→[PNGとしてクイック書き出し]を選択します❷。[別名で保存]ダイアログボックスが表示されるので、ファイルを書き出すフォルダーを選択し(ここでは元画像のあるフォルダー)❸、[保存]をクリックします❹。サンプルフォルダーの保存フォルダーに、画像ファイルが書き出されたことを確認します❺。

フォントがない場合は、Typekitで同期する

アートボード単位で書き出される。ファイル名は、アートボード名となる。アートボードがないときはファイル名がそのまま書き出すファイル名となる

POINT

クイック書き出しの設定

[ファイル]メニュー→[書き出し]→[書き出しの環境設定]を選択すると、[環境設定]ダイアログボックスの[書き出し]パネルが表示されます。ここで、[クイック書き出し]のファイル形式や、透過させるかなどのオプション、書き出す場所等を設定します。
ファイル形式は、「PNG」「JPEG」「GIF」「SVG」が選択できます。ここで選択した画像形式が、[ファイル]メニュー→[書き出し]→[XXXとしてクイック書き出し]と表示されます。

POINT

レイヤーをクイック書き出し

レイヤーパネルで書き出すレイヤーを選択し(複数選択可)、右クリックで表示されたメニューから[クイック書き出し]を選択します。

245 レイヤーから自動でPNGやJPEGを書き出す

[画像アセット]を使うと、レイヤーパネルでレイヤー名に画像の拡張子を付けるだけで、自動でファイルに書き出すことができます。

📥 第13章 ▶ 245 ▶ 245.psd

1 サンプルファイルを開きます❶。[ファイル]メニュー→[生成]→[画像アセット]を選択します❷。[画像アセット]にチェックが表示され❸、ファイルの書き出し状態になります。

CC 2014以前では、警告ダイアログボックスが表示されるので[レイヤーを保持]をクリックして開き、そのまま操作する

フォントがない場合は、Typekitで同期する

書き出しをやめるには、再度[ファイル]メニュー→[生成]→[画像アセット]を選択してチェックを外す

2 レイヤーパネルで、「レイヤー2」レイヤーのレイヤー名部分をダブルクリックして❶、名称を編集状態にし、書き出すファイル形式の拡張子の付いたファイル名に変更します(ここでは「img01.png」)❷。

書き出せるファイル形式は「PNG」「JPEG」「GIF」で、拡張子はそれぞれ「png」、「jpg」、「gif」

3 サンプルファイルの保存されているフォルダーに画像の保存先フォルダー「ファイル名-assets」が作成されます❶。フォルダーを開くと、レイヤーパネルでファイル名を指定したレイヤーの画像が、指定した名称と形式で書き出されているので確認してください❷。

レイヤーの状態が変わると、最新の状態で自動で書き出される

4 レイヤーパネルのグループも同様で、グループ名を画像として書き出すファイル名とファイル形式の拡張子に変更すると(ここでは「bar01.jpg」)❶。グループ全体がひとつのファイルとして書き出されます❷。

Web用に保存で書き出す

第13章 データ書き出しとプリント

246

CC2015以降は、[クイック書き出し]や[書き出し形式]を使ったほうが便利ですが、長く使われてきた[Web用に保存]を使っても、「PNG」「JPEG」「GIF」で画像を書き出せます。

第13章 ▶ 246 ▶ 246.psd

1 サンプルファイルを開きます❶。[ファイル]メニュー→[書き出し]→[Web用に保存（従来）]（CC2014以前は、[ファイル]→[Web用に保存]）を選択します❷。

> **フォントがない場合は、Typekitで同期する**
> CC2014以前では、警告ダイアログボックスが表示されるので[レイヤーを保持]をクリックして開き、そのまま操作する

2 [Web用に保存]ダイアログボックスが開くので、[プリセット]で書き出す画像形式と画質などを設定します（ここでは[PNG-24]を選択）❶。[透明部分]などのオプションを設定し❷、[保存]をクリックします❸。

> 書き出せるファイル形式は「PNG」「JPEG」「GIF」、「WBMP」

> プレビュー画像の上の[2アップ][4アップ]をクリックすると、プレビューが複数表示され、それぞれのプレビューごとにファイル形式を設定して比較できる。選択したプレビューが書き出すファイルの設定となる

3 [最適化ファイルを別名で保存]ダイアログボックスが開くので、[保存する場所]でファイルを書き出すフォルダーを選択します（ここでは元画像のあるフォルダーを選択）❶。[ファイル名]で名称を入力し（ここではそのまま）❷、[保存]をクリックします❸。[Adobe Web用に保存警告]ダイアログボックスが表示されたら[OK]をクリックします❹。サンプルフォルダーの保存フォルダーに、画像ファイルが書き出されたことを確認します❺。

Macでは、キーは次のようになります。 Ctrl → ⌘　Alt → option　Enter → return

247 テキストやシェイプからCSSを書き出す

Photoshopのテキストレイヤーやシェイプレイヤーから、設定した属性をCSSにコピーして、テキストエディターなどほかのアプリケーションにペーストできます。

第13章 ▶ 247.psd

1
サンプルファイルファイルを開きます❶。レイヤーパネルで、テキストレイヤー「bar_text」レイヤーを右クリックし❷、表示されたメニューから[CSSをコピー]を選択します❸。

❶開く

❷右クリック　❸選択

フォントがない場合は、Typekitで同期する

CC2014以前では、警告ダイアログボックスが表示されるので[レイヤーを保持]をクリックして開き、そのまま操作する

2
テキストエディターソフト(ここでは「メモ帳」)を開き❶、Ctrl キーと V キーを押してペーストします❷。テキストレイヤーの属性が、CSSとしてペーストされます。

レイヤー名がクラス名となり、次の属性がペーストされる
・フォントファミリー　・フォントサイズ　・フォント線幅
・ラインの高さ　・下線　・打ち消し線
・上付き文字　・下付き文字　・テキスト揃え

表示状態は、使用するテストエディターソフトや設定によって異なる

❶テキストエディターを開く

❷ Ctrl + V キーでペースト

3
レイヤーパネルで、シェイプレイヤー「back_icon」レイヤーを右クリックし❶、表示されたメニューから[CSSをコピー]を選択します❷。テキストエディターソフトを開き、Ctrl キーと V キーを押してペーストします❸。シェイプレイヤーの属性が、CSSとしてペーストされます。

❶右クリック　❷選択

❸ Ctrl + V キーでペースト

レイヤー名がクラス名となり、次の属性がペーストされる
・サイズ　・位置　・線のカラー
・塗りのカラー(グラデーションを含む)　・ドロップシャドウ

第13章 TIFF形式で保存する

248

それほど使用されなくなりましたが、印刷用途などではTIFF形式での画像が求められることがあります。TIFF形式で書き出すには、[別名で保存]を使います。

📥 第13章 ▶ 248 ▶ 248.psd

1 サンプルファイルを開きます❶。[ファイル]メニュー→[別名で保存]を選択します❷。[名前を付けて保存]ダイアログボックスが表示されるので、保存場所を設定します(ここでは画像ファイルと同じフォルダー)❸。[ファイル名]で名称を入力し(ここではそのまま)❹、[ファイルの種類](Macでは[ファイル形式])に[TIFF(*.TIF, *.TIFF)]を選択し❺、[保存]をクリックします❻。

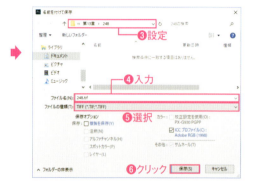

2 [TIFFオプション]ダイアログボックスが表示されるので、そのまま[OK]をクリックします❶。

最近の画像アプリケーションでは、オプションの設定を変更しなくてもファイルを開くことができる

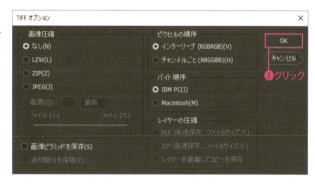

3 サンプルフォルダーの保存フォルダーに、画像ファイルが書き出されたことを確認します❶。

Macでは、キーは次のようになります。 Ctrl → ⌘　Alt → option　Enter → return

レイヤーごとにファイルに書き出す

249

[クイック書き出し]や[書き出し形式]を使っても
レイヤーごとにファイルを書き出せますが、[レイ
ヤーからファイル]を使うと、PSD形式やTIFF、
Targa形式でも書き出せます。

第13章 ▶ 249 ▶ 249.psd

1 サンプルファイルを開きます❶。レイヤーパネルで、4つのレイヤーがあることを確認します❷。[ファイル]メニュー→[書き出し]→[レイヤーからファイル](CC2014以前は[ファイル]メニュー→[スクリプト]→[レイヤーをファイルで書き出し])を選択します❸。

❶開く
「いくつかのテキストレイヤーは、ベクトル方式で出力するために更新が必要になる場合があります。これらのレイヤーを更新しますか?」と表示されたら[更新]をクリック

❷確認

❸選択

2 [レイヤーをファイルに書き出し]ダイアログボックスが表示されるので、[保存先]でファイルを書き出すフォルダーを選択します(ここでは元画像のあるフォルダーを選択)❶。[ファイルの先頭文字列]でファイル名の先頭文字を入力し(ここではそのまま)❷、[表示されているレイヤーのみ]にチェックを付けます❸。[ファイル形式]に書き出すファイルのファイル形式(ここではPSD)を選択し❹、[実行]をクリックします❺。

書き出せるファイル形式は、下記の通り
・BMP   ・JPEG   ・PDF   ・PSD
・Targa ・TIFF   ・PNG-8 ・PNG-24

選択したファイル形式に応じたオプションを設定する

3 [スクリプト警告]ダイアログボックスが表示されたら[OK]をクリックします❶。サンプルファイルの保存フォルダーに、画像ファイルが書き出されたことを確認します❷。

❶クリック

❷確認

第13章 データ書き出しとプリント

プリンターで印刷する

250

気に入った写真は、プリンターで印刷することもあると思います。Photoshopのプリントの設定は、慣れないと難しいので、基本的な操作を抑えておきましょう。

📥 第13章 ▶ 250.psd

1 サンプルファイルを開き❶、[ファイル]メニュー→[プリント]を選択します❷。

❶開く

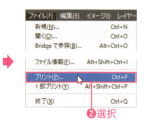

❷選択

2 [Photoshopプリント設定]ダイアログボックスが表示されるので、右側の[プリンター]で使用するプリンターを選択し❶、[プリント設定]をクリックします❷。

❶選択
❷クリック

3 選択したプリンターのプロパティダイアログボックスが表示されます。画面は、使用しているプリンターで異なるので、設定のポイントだけ説明します。お使いのプリンターの画面で設定してください。プリントに使用する[用紙サイズ]❶、[印刷方向]❷、[給紙方法]❸を設定します。写真専用用紙を使う場合は、[用紙種類]で指定された種類を選択します（写真用紙のパッケージ等を参照ください）❹。そのほか、プリンターのプリント品質モード等がある場合は設定し❺、[OK]をクリックします❻。

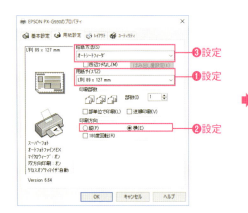

Macでは、キーは次のようになります。 Ctrl → ⌘　　Alt → option　　Enter → return

4 [Photoshopプリント設定]ダイアログボックスに戻るので、[部数]を設定します❶。[カラー処理]は、[プリンターによるカラー管理]を選択します(これで、プリンター側でカラー管理された品質でプリントされます)❷。[位置とサイズ]セクションで用紙に対する位置とプリントサイズを設定します。ここでは[比率]で画像ができるだけ大きくなるように設定し❸、プレビュー画像をドラッグして、用紙のプリント領域内にプリントしたい場所が収まるように調節します❹。設定したら[プリント]をクリックします❺。

5 警告ダイアログボックスが表示されたら[続行]をクリックします❶。印刷が開始されます。

POINT

Photoshopでカラー管理する

カラー処理をプリンターではなく、Photoshopで行う場合は、[Photoshopプリント設定]ダイアログボックスの[カラー処理]で[Photoshopによるカラー管理]を選択し❶、[プリンタープロファイル]でプリンターのプロファイルを選択してください❷。プリンタープロファイルは、プリンターメーカーのWebサイトから入手できます。
また、[プリント設定]をクリックして、プリンターのプロパティダイアログボックスを開き、プリンター側で色補正しないように設定してください。

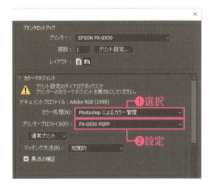

INDEX

アルファベット

Adobe PDFを保存	320
Adobe RGB	178
BMP	329
Camera Raw	026, 306
Camera Rawフィルター	100
CMYK	023, 178, 180
CSS	327
CSSをコピー	327
GIF	322, 324, 325, 326
HSL調整	311
Illustratorのパス	267
JPEG	322, 324, 325, 326, 329
PDF	320, 329
PDF/X	321
Photomerge	304
PNG	322, 324, 325, 326, 329
ppi	029
PSD	329
RAWデータ	026
RGB	023, 178, 180
sRGB	178
SVG	322, 324
Targa	329
TIFF	328, 329
Typekit	228
Vanishing Point	158, 160
WBMP	326
Web用に保存	326

あ

アートボード	023, 068, 070
アートボードツール	070
アートボードを新規作成	069
アイコンパネル	018
明るさ・コントラスト	080, 085
アクション	048
アクションパネル	048
アルファチャンネル	131, 132
アレンジ	027
アンチエイリアス	104, 198

い

異体字	245
色温度	307
色の置き換えツール	184
印刷	330
インターフェイス	021
インデント	247

う

ウェットエッジ	193
ウォッチ	165
上付き文字	248

え

遠近法の切り抜きツール	138
遠近法ワープ	148
鉛筆ツール	183

お

覆い焼きカラー	067
覆い焼きツール	285
覆い焼き（リニア）- 加算	067
オーバーレイ	067

か

カーニング	235
解像度	029, 030
階調の反転	099
回転ビューツール	034
ガイド	036, 037, 038, 039
ガイドレイアウト	037
書き出し形式	322
角度補正	135
重ね描き効果	193
カスタムシェイプ	259
カスタムシェイプツール	264
画像アセット	325
画像解像度	029, 030
仮想ボディ	244
画像を回転	141
画像を統合	061

け

傾ける	142
画面の色	021
カラー	067, 192
カラーサンプラーツール	167
カラー設定	178
カラー値	078, 167
カラーハーフトーン	290
カラーパネル	164
カラーバランス	094
カラー比較（暗）	067
カラー比較（明）	067
カラーピッカー	164
カラープロファイル	178
カラープロファイルの変更	180
カラープロファイルを削除	179
カラーモード	023
カラールックアップ	098
カンバスサイズ	031

き

木	200
キーボードショートカット	043
輝度	067, 315
逆光	204
球面	162
行送り	232
境界線	255, 300
境界を調整	128
行間	232
行揃え	243
切り抜き	153
切り抜きツール	134, 136, 137
禁則処理	249
均等配置	243

く

クイック書き出し	324
クイック選択ツール	113
クイックマスク	105
雲模様1	203
グラデーション	171
グラデーションツール	171, 211
グラデーションレイヤー	170
グラデーションを作成	172
クリッピング	077, 102

INDEX 索引

クリッピングマスク..................................213
グレースケール..............................096, 312
黒つぶれ..310

け

消しゴムツール..183
検索と置換..242
減算..067
原点..035

こ

虹彩絞りぼかし..293
光彩（外側）..297
コピースタンプツール..............................283
混合ブラシツール....................................185
コンテンツに応じた移動ツール..............284
コンテンツに応じる................................282
コントラスト 085, 309

さ

最近使用したファイル..............................025
彩度...067, 088
作業用スペース..178
作業用パス..214
差の絶対値..067
サブツール..014
散布..191

し

シェイプ.............................038, 191, 258
シェイプが重なる領域を中マド................275
シェイプから選択範囲を作成....................130
シェイプコンポーネントを結合 275
シェイプとパスの違い..............................266
シェイプの重なり順..................................275
シェイプの線の種類..................................263
シェイプ範囲を交差..................................275
シェイプレイヤー......................................258
シェイプを画像に変換..............................278
シェイプを結合 273, 274
シェイプを整列..277
シェイプを登録..268
色域外..167

色域指定..115
色相..067, 311
色相・彩度..090
色調補正..076
字形パネル..245
自然な彩度..088
下付き文字..248
自動選択ツール...............................112, 282
シャープ..316
シャープツール..286
シャドウ..310
シャドウクリッピング警告........................310
シャドウ・ハイライト..............................084
自由変形................139, 140, 141, 142
縮小..140
定規..035, 036
乗算..067
焦点領域..118
情報パネル..042
照明効果..204
除外..067
除算..067
白黒..096, 312
白黒ミックス..313
白とび..308
白レベル..509
新規ドキュメント....................................022
新規レイヤー..054
新規ワークスペース..................................020

す

垂直方向に反転..160
水平比率..231
スウォッチパネル....................................165
ズームツール...032
スクラブズーム..032
スクリーン..067
スクロールバー..033
スタートワークスペース..................024, 041
スタイルパネル..501
スタイルパネルに登録..............................502
スナップ..039
スナップショット....................................046
スピンぼかし..294
スペルチェック..251
スポイトツール..166

スポット修復ブラシツール........................280
スポンジツール..288
スマートオブジェクト......................073, 290
スマートオブジェクトを編集 074
スマートシャープ....................................295
スマートフィルター..................................073

せ

選択とマスク 116, 128, 218, 220
選択範囲..104
選択範囲の境界線が非表示.......................121
選択範囲に境界線を描く..........................125
選択範囲の境界をぼかす..........................124
選択範囲を移動..111
選択範囲を追加、削除..............................110
選択範囲を滑らかにする..........................126
選択範囲を反転..122
選択範囲を広げる・狭める.......................123
選択範囲を保存..131
選択範囲を読み込む..................................132
前面シェイプを削除..................................274

そ

操作の取り消し..045
属性パネル..207
ソフトライト..067
ソラリゼーション....................................291

た

台形状に変形..144
楕円形選択ツール...........................107, 198
多角形選択ツール....................................109
多角形ツール..259
縦書き文字ツール....................................224
タブ..016
単位..042
段落後のアキ..246
段落テキスト..225
段落パネル.....................................243, 247
段落前のアキ..246

ち

置換..242

333

INDEX

チャンネル 078
チャンネルパネル 078
チャンネルミキサー 092
中央揃え 243
調整レイヤー 076
長方形選択ツール 106
長方形ツール 199, 258
チルトシフト 293

つ

ツールバーをカスタマイズ 015
ツールパネル 014

て

ディザ合成 067
ディテール 314, 316
テキストエリア 225
テキスト 130
テキストレイヤー用フィルター 062
テキストレイヤーをラスタライズ 252
テクスチャ 191
テクスチャの保護 193
手のひらツール 033
デュアルブラシ 192

と

同系色のピクセルを選択 112
トーンカーブ 082, 087
特殊文字 245
特定色域の選択 089, 091
特定の色域を選択 115
ドック 017
トラッキング 234
取り消し 045
トリミング 134, 136
ドロップシャドウ 298

な

なげなわツール 108
滑らかさ 188, 193

ぬ

塗りつぶし 169, 175, 282

の

ノイズ 193
ノイズ軽減 315
濃度 222

は

ハードミックス 067
ハードライト 067
背景消しゴムツール 196
背景色 164
背景レイヤー 053
ハイパスを使ってシャープにする 296
ハイライト 308, 310
ハイライトクリッピング警告 308
パスからシェイプを作成 271
パスコンポーネント選択ツール 214, 262
パス上文字 240
パス選択ツール 265
パスとして保存 131
パスに沿って文字を入力 239
パスの整列 276
パスぼかし 294
パスを選択範囲として読み込む 120
パスを操作 265
パスを描画色を使って塗りつぶす 270
破線 263
パターン調整レイヤー 177
パターンレイヤー 174
パターンを作成 176
バッチ 049
パッチツール 281
パネル 016, 020
パネルを非表示 040
パノラマ画像 304
パペットワープ 146
波紋 291
反転 143

ひ

比較（暗） 067
比較（明） 067
ピクセル数 029, 030
ピクセルで描画 199
ピクセルレイヤー用フィルター 062
ピクチャフレーム 202
被写体を選択 116
ヒストグラム 079, 081
ヒストリーパネル 045, 046
左／上インデント 247
左揃え 243
非破壊編集 050, 076
ビビッドライト 067
描画色 164
描画モード 066
表示レイヤを結合 061
開く 024
ピンライト 067

ふ

ファイバー 203
ファイルをレイヤーとして読み込み 065
フィールドぼかし 292
フィルターギャラリー 289
フォント 227
フォントサイズ 230
複雑な領域を選択 127
復帰 105
不透明度 064
ぶら下がり 250
ぶら下げインデント 247
ブラシ設定パネル 190
ブラシ先端のシェイプ 190
ブラシツール 182, 186, 187, 188
ブラシでパスの境界線を描く 269, 272
ブラシの大きさの変更 186
ブラシの硬さ 187
ブラシパネル 189
ブラシパネル（CC 2017以前） 190
ブラシプリセットパネル 189
ブラシプリセットピッカー 182
ブラシポーズ 193
ブラシを定義 194

INDEX 索引

プリント 330
プロファイルの指定 179
プロファイルの不一致 178
プロファイル変換 180

へ

平均字面 244
ベースラインシフト 233
ベクトルマスク 214
べた塗りレイヤー 168
別名で保存 320, 328
ペンツール 260

ほ

ポイントテキスト 224
ぼかし 217
ぼかしギャラリー 292
ぼかしツール 286
保存 028
炎 201
ホワイトバランス 307

ま

マグネット選択ツール 114
マジック消しゴムツール 197
マスク 318
マスクの境界線 218, 220

み

右 / 下インデント 247
右揃え 243

め

メニューを非表示 044

も

モザイク 290
文字間隔 234
文字組み 237
文字サイズ 230
文字色 254

文字揃え 244
文字ツメ 236
文字のアンチエイリアス 241
文字パネル 227, 254
文字をシェイプに変換 253
文字を入力 224
文字を編集 226

や

焼き込みカラー 067
焼き込みツール 285
焼き込み（リニア） 067
矢印 264
やり直し 045

ゆ

歪ませる 142
ゆがみ 154, 156, 157
指先ツール 287

よ

横書きと縦書きを切り替え 238
横書き文字ツール 224

ら

ライブラリ 047
ラインツール 264

り

リニアライト 067, 296
輪郭検出 291

れ

レイヤー 052
レイヤーからファイル 329
レイヤーカンプ 072
レイヤースタイルをコピー 303
レイヤーの重なり順 056
レイヤーの表示 / 非表示 057
レイヤーの不透明度 064
レイヤーパネル 052

レイヤーマスク 131, 206
レイヤーマスクから選択範囲を作成 215
レイヤーマスクサムネール 206, 207
レイヤーマスクチャンネル 207
レイヤーマスクの編集 207, 209
レイヤーマスクを一時的に解除 212
レイヤーマスクを作成 208
レイヤーマスクを反転 210
レイヤーマスクを複製 216
レイヤーをグループ化 060
レイヤーを結合 061
レイヤーをコピー 063
レイヤーを削除 058
レイヤーをファイルで書き出し 329
レイヤーを複製 055
レイヤーをリンク 059
レガシーブラシ 189
レベル補正 081, 086
レンズフィルター 095

ろ

露光量 083

わ

ワークスペース 019, 020
ワープ 150
ワープテキスト 256

335

アートディレクション　山川香愛
カバーイラスト　平尾直子
カバー＆本文デザイン　原 真一朗（山川図案室）
本文レイアウト　ピクセルハウス
編集担当　竹内仁志（技術評論社）

世界一わかりやすい
Photoshop
逆引き事典CC対応

2018年9月7日　初版　第1刷発行

著　者　　ピクセルハウス
発行者　　片岡　巌
発行所　　株式会社技術評論社
　　　　　東京都新宿区市谷左内町 21-13
　　　　　電話 03-3513-6150　販売促進部
　　　　　　　　03-3513-6160　書籍編集部
印刷／製本　共同印刷株式会社

定価はカバーに表示してあります。
本書の一部または全部を著作権の定める範囲を越え、
無断で複写、複製、転載、データ化することを禁じます。
©2018　ピクセルハウス

造本には細心の注意を払っておりますが、
万一、乱丁（ページの乱れ）や落丁（ページの抜け）がございましたら、
小社販売促進部までお送りください。
送料小社負担でお取り替えいたします。
ISBN978-4-7741-9888-0　C3055　Printed in Japan

著者略歴

ピクセルハウス（PIXEL HOUSE）

本文・イラスト 奈和浩子
写真 前林正人

イラスト制作・写真撮影・DTP・Web制作等を
手がけるグループです。

おもな著書
「速習デザイン Illustrator CS6」
「速習デザイン Illustrator & Photoshop CS6
デザインテクニック」
「世界一わかりやすい
Illustrator操作とデザインの教科書」
「世界一わかりやすい
Illustrator & Photoshop
操作とデザインの教科書」
「世界一わかりやすい
Photoshop プロ技デザインの参考書」
「Illustrator & Photoshop 配色デザイン50選」
（以上、技術評論社）

お問い合わせに関しまして

本書に関するご質問については、FAXもしくは書面に
て、必ず該当ページを明記のうえ、右記にお送りくださ
い。電話によるご質問および本書の内容と関係のない
ご質問につきましては、お答えできかねます。あらかじめ
以上のことをご了承のうえ、お問い合わせください。
なお、ご質問の際に記載いただいた個人情報は質問
の返答以外の目的には使用いたしません。また、質問
の返答後は速やかに削除させていただきます。

宛先：〒162-0846
東京都新宿区市谷左内町 21-13
株式会社技術評論社　書籍編集部
「世界一わかりやすいPhotoshop 逆引き事典 CC対応」係
FAX：03-3513-6167

技術評論社 Web サイト
https://gihyo.jp/book/

なお、ソフトウェアの不具合や技術的なサポートが必要な場合は、
アドビシステムズ株式会社のWeb サイト上のサポートページをご利用いただくことをおすすめします。
アドビシステムズ株式会社　ヘルプ＆サポート
https://helpx.adobe.com/jp/support.html